화학으로 들여다본

첨단과학의 신·소·재

전창림 저

자유아카데미

머리말

나무로 책상을 만드는 것이나, 구리로 동파이프를 만드는 것으로는 고부가가치를 얻을 수 없다. 심지어 전자 부품들을 조립하여 최첨단의 전자 제품을 만들어도 곧 똑같은 성능의 제품이 시장에 쏟아지는 세상이다. 이제 세상은 소재를 지배하는 자가 선도하게 되었다. 신소재는 그대로 최종 제품의 기술 수준을 결정한다. 모든 소재를 제고하는 근원 기술은 화학이다. 전자 공학자만 모여 반도체를 만들 수 없고 색채 기술자만 모여 천연색 TV를 만들 수 없다. 초고집적도의 반도체를 잘 만들기 위해, 고선명 표시 장치를 만들기 위해 화학은 꼭 필요하다.

이 책은 신기하고 놀라운 성능과 특성을 갖는 새로운 소재를 소개하는 책이 아니다. 신소재 공학, 신소재와 ㅇㅇ라는 제목을 가진 책들이 대부분 최첨단의 신기한 금속, 세라믹 재료를 소개하는 책이거나 재료 공학 입문 같은 책들이다. 이 책은 우리 주위에 널려 있고 뉴스에 오르내리지만 화학을 모르면 그 속을 알 수 없는 신기술, 신소재들을 화학을 모르는 사람도 알기 쉽게 설명한 것이다.

세계적 액정 논문을 발표하는 사람이 현재 사용되는 액정 표시 장치가 어떻게 작동하는지 모른다거나, 학교에서 반도체 공학을 A학점 받고도 요즘 흔한 태양전지가 어떻게 작동하는지, 무슨 재료가 쓰이는지 모르는 일은 비일비재하다.

이는 반쪽짜리 공학 교육의 산물이다. 이 책은 화학 공학자, 전자공학자, 건축 공학자, 디자인 전문가, 회사 경영자들을 막론하고 누구나 알아야 할 현대의 첨단 신소재들을 흥미있게 다루고 있어 창의적 공학 설계를 들어가려는 공학 대학 학부생에게, 취업을 앞둔 공대 재학생에게, 산업체에서 신제품 개발에 관심이 있는 사람들에게 유용하고 재미있는 책이 될 것이다.

차 례

Chapter 07 광통신

Chapter 08 정보 저장

Chapter 9 평판 표시 기술

Chapter 10 청정에너지

Chapter 01

준결정

자연계에서 보여주는 프랙탈 도형은
마치 예술가가 창조한 작품처럼 아름답다.

1. 이상한 X-선 결정 사진

물질의 내부 미세 구조는 결정과 비정질 두 가지가 있으며, 이를 측정하는 방법으로 X-선 회절(X-ray diffraction)을 사용한다. 단일 무늬(single pattern)[주1]를 보면 비정질 물질에서는 뭉개진 모양이 나타나지만(그림 1-1), 결정 물질의 회절 무늬는 규칙적이고 날카로운 점들이 나타난다(그림 1-2, 3).

1984년 미국 메릴랜드주 게티즈버그의 표준국에서 일하는 네 과학

[주1] 단일 무늬

X-선 결정 사진은 시료 준비 방법에 따라 단일 무늬와 분말 무늬(powder pattern)가 있다. 시료를 분쇄하여 시료관에 그냥 담는 것이 분말 무늬이며, 인화된 결정 사진이 원형으로 나오기 때문에 결정화도만을 알 수 있다. 반면 단일 무늬는 시료를 준비할 때 분자의 배향이 일정하도록 준비하여 시료관에 일정한 배향을 유지하도록 담는 것인데, 예를 들면 배향이 같도록 시료를 연신하여 시료관에 담아 준비하는 것이다. 이렇게 하면 일정 배향에 대한 결정 사진이 나오므로 단순한 원형이 아니라 시료 결정 구조의 자세한 정보를 담게 된다. 즉, 결정의 층간 거리라든가 배향의 기울어진 각도 같은 정보들을 포함한다.

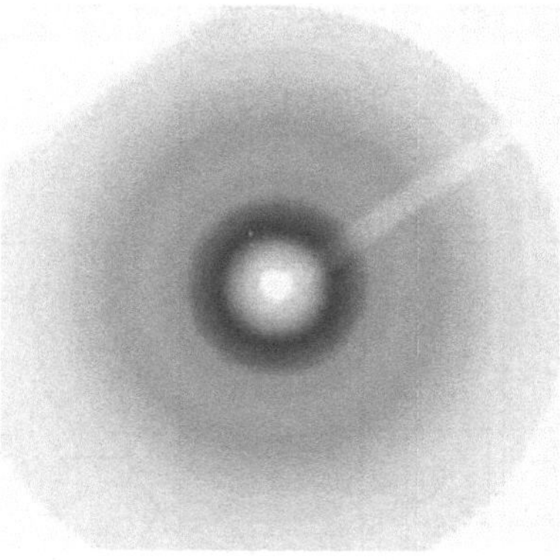

그림 1-1. 비정질 지르코늄의 XRD 무늬

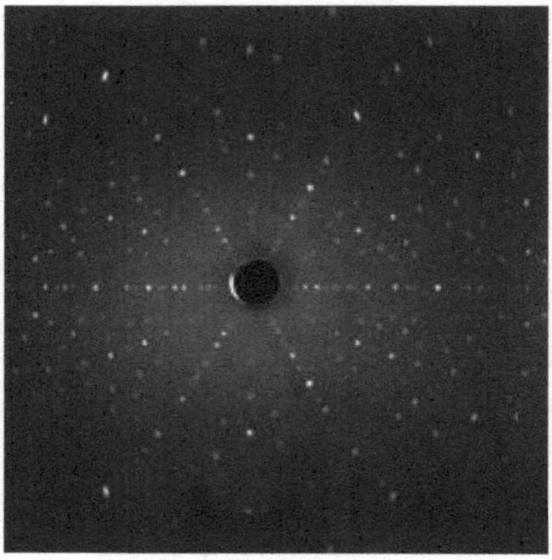

그림 1-2. 결정 실리콘의 XRD 무늬(3-6-12각 구조)

자 섹트먼(D. Shechtman), 블리치(I. Blech), 그라티아스(D. Gratias), 칸(J.W. Cahn)은 알루미늄과 망간을 녹인 것을 갑자기 식혀서 만든 합금의 회절 사진(그림 1-4)을 보고 경악했다. 뚜렷한 점들이 나타나 있으므로 규칙적인 결정 구조를 보이는 것 같다. 그러나 결정학을 조금이라도 아는 사람들이라면 누구라도 그렇게 생각했을 테지만 그런 결정은 존재할 수 없는 형태였다. 그 결정같이 보이는 회절 사진은 10각형 격자를 보이고 있었다. 3각형, 4각형, 6각형 격자로 된 결정은 존재할 수 있지만 5각형(10각형) 격자의 결정은 존재할 수 없는 것이다.

그림 1-3. 결정 KBr의 XRD 무늬(4각 구조)

그림 1-4. 5-10각 구조의 XRD 무늬

평면에 정다각형 타일을 깔 때, 정3각형, 정4각형, 정6각형으로는 빈틈없이 채울 수 있지만 정5각형으로는 채우는 방법이 없다(그림 1-5).

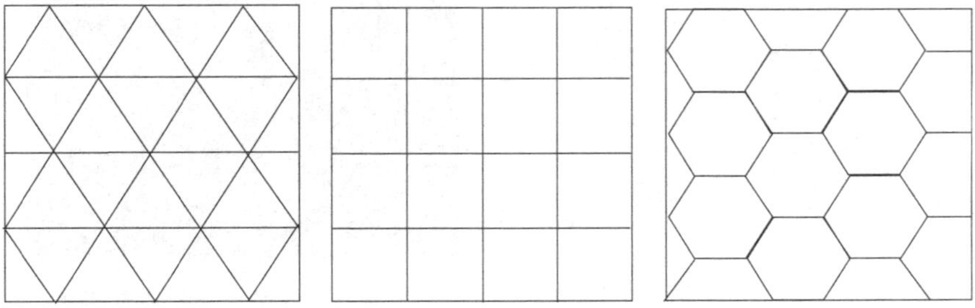

그림 1-5. 3각형 타일, 4각형 타일, 6각형 타일

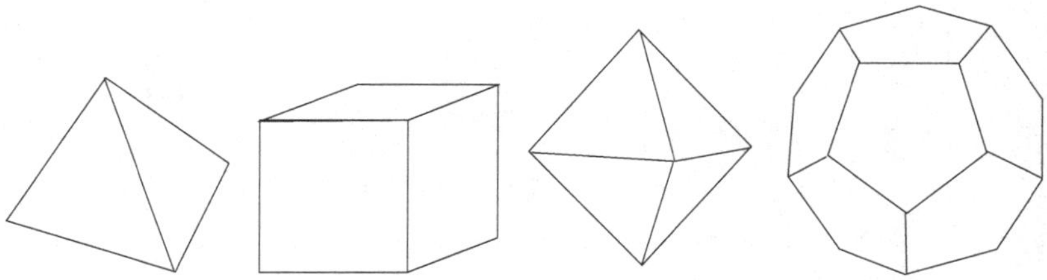

그림 1-6. 정4면체, 정6면체, 정8면체, 정12면체

3차원 공간을 채우는 것도 마찬가지다. 정4면체(평면 정3각형의 4면), 정6면체(평면 정4각형의 6면), 정8면체(평면 정3각형의 8면)로는 공간을 빈틈없이 채울 수 있지만, 정12면체(평면 정5각형의 12면)로는 공간을 빈틈없이 채울 수 없다(그림 1-6). 그렇다면 이 합금의 결정과 같은 규칙적인 5각형이나 10각형의 회절 무늬는 도대체 어떻게 나온 것일까?

여기에 대한 실마리는 화학자나 과학자들이 아니라 미술가들에게서 나왔다. 일찍이 14세기의 이슬람인들이 점령지 스페인 그라나다에 세운 알람브라 궁전의 벽화(그림 1-7)의 대칭 기하 무늬를 보면 고도로 세련된 평면 채우기를 보고 놀라지 않을 수 없다. 이슬람도 유태교와 마찬가지로 구약 성경을 가지고 있는데 구약 성경 출애굽기 20장 4절을 보면 "너를 위하여 새긴 우상을 만들지 말고 또 위로 하늘에 있는 것이나 아래로 땅에 있는 것이나 땅 아래 물속에 있는 것의 아무 형상이든지 만들지 말며"라고 했듯이 이슬람인들은 자기들의 사원을 지을 때 사람이나 동물, 식물의 모습을 새기지 않아야 하는데, 장식은 해야 하므로 사원 전체를 기하학적인 무늬로 채웠다.

또한 네덜란드의 화가 에셔(Maurits Cornelius Escher, 1898-1972)는 스페인 알람브라 궁전의 기하학적 무늬에 주목하고 연구하였으며, 그것을 발전시켜 자기만의 독특한 타일 붙이기를 시도해 예술로 승화시켰다.

그림 1-7. 스페인 알람브라 궁전의 모자이크

이런 타일 붙이기, 즉 쪽매맞춤을 테셀레이션(tesselation)이라고 한다.

tesselation은 라틴어 tessella에서 기원하였는데 모자이크처럼 바닥에 까는 작은 4각형 조각, 즉 타일을 말한다. tessella는 또 그리스어 tessera에서 나왔는데 이 말은 영어의 four, 즉 4를 가리킨다. 테셀레이션의 현대의 사전적 의미는 '여러 모양의 평면 도형을 빈틈도 없고 겹침도 없이 조화시키는 구성'이라고 되어 있다. 그는 평면을 채울 때 반복성과 대칭성을 아주 잘 사용하였다. 그의 이런 도안은 곧 결정학계에 알려졌고 1960년대에 영국 옥스퍼드 대학의 수학자 펜로즈(Roger Penrose, 1931~)가 드디어 불가능처럼 보이는 정5각형이나 정10각형으로 테셀레이션을 할 수 있는 방법을 연구하여 다음 그림 1-8과 같은 도형을 제시하였다. 두 가지 형태의 마름모를 사용하여 5각 또는 10각형 격자의 타일 붙이기를 성공시켰다. 빈틈없이 타일을 채웠지만 전체적으로 10각형의 반복된 무늬가 이루어진다.

이 도형들을 보면 기본적으로 정5각형이나 10각형(안에 표시된 도형)이 반복적으로 정렬된 구성을 하고 있다. 물론 겹치기도 하지만 전체적으로 겹친 부분들까지도 일정하게 규칙적이다. 이렇게 된 결정 구조는 순수한 단일 격자의 결정은 아니지만 마치 단일 격자의 결정 같은 규칙성을 갖게 되어 결정성의 X-선 무늬(그림 1-4)를 보이게 된다. 이것을 준결정(quasicrystal)이라고 한다.

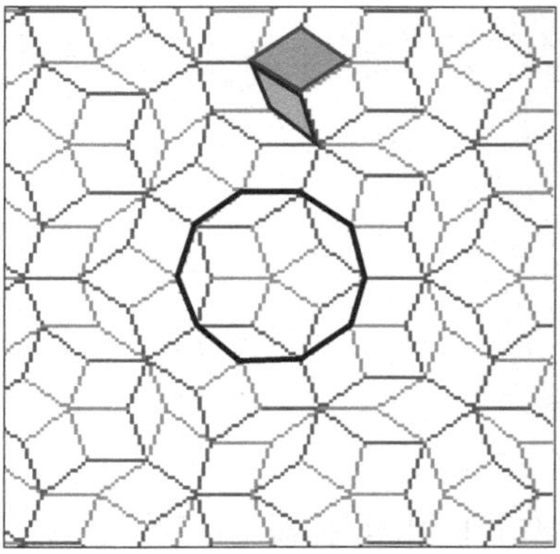

그림 1-8. 펜로즈 준결정 타일(Penrose quasicrystal tiling)

펜로즈의 타일 붙이기에는 몇 가지 이상한 점이 있다. 5각, 10각 대칭인 모양이 반복되어 나타나기는 하지만 자세히 보면 어느 것도 주기적으로 똑같은 모양이 되지는 않는다. 또 통통한 마름모(그림 1-8의 빨간 마름모)와 홀쭉한 마름모(그림 1-8의 파란 마름모)의 사용 빈도가 이상한 비율이 된다. 1.618... 즉, 정확하게 $\frac{1+\sqrt{5}}{2}$이라는 황금률이 된다는 점이다.

이 무늬를 3차원으로 확장해도 마찬가지다. 직각6면체와 기울어진 6면체를 사용하면 3차원 공간을 빈틈없이 채울 수 있다. 마치 결정인 것처럼 규칙성이 있으며, 아주 분명한 격자는 아니지만 그래도 큰 스케일로 볼 때 분명히 규칙적인 어떤 주기성을 나타내는 것을 알 수 있다.

2. 준결정도 결정인데 전기가 안 통한다?

그러나 아직 문제는 남아 있다. 3차원 공간의 펜로즈 타일은 통통한 마름모와 홀쭉한 마름모의 3차원 전개형인 능면체(마름모 6면체)를 사용하고 그 모서리의 면 또는 가운데 원소를 배치시키면 된다. 준결정은 결정은 아니지만 상당한 규칙성을 가지고 그에 해당하는 독특한 물성을 가진다. 보통 결정들은 전기가 잘 통하는데 준결정들은 이런 규칙성이 있음에도 불구하고 전기가 통하지 않는다. 만일 펜로즈의 타일이 그 모델로서 맞다면 전기가 통해야 한다. 또 하나의 문제는 펜로즈의 타일처럼 만들어진 모형의 X-선 회절 사진은 실제 준결정의 사진과는 좀 다르다는 것이다. 즉, 실제 준결정이 펜로즈의 구조라면 X-선 사진이 더 날카로워야 하는데 그렇지 않다는 것이다.

만일 방바닥을 타일로 깔아 나갈 때, 전체를 어떻게 깔 것인지 미리 전체의 설계도를 확정짓고 작업하면 펜로즈의 이상적인 구조가 되겠지만 원자들이 모이면서 결정을 이루어 나가는 과정에는 이런 전체적인 계획도가 예정되어 있다고 볼 수 없다. 단지 자기 바로 옆의 원자끼리의 관계로서만 결정되는 것이다. 만일 네 명의 작업자가 네 귀퉁이에서 작업을 시작하였다면 가운데쯤 만나는 곳에서는 불가피한 불연속적인 결함을 보일 것이다. 그래서 더욱 타당성 있는 타일 붙이기 모형이 제시되었다. 마구잡이로 정5각형 타일을 깔아 나가는데 빈틈이 생기는 것에 구애받지 않고 단지 그 빈틈들이 되도록 일정한 모양과 크기가 되도록 까는 것이다. 이렇게 마구잡이로 깔아도 전체는 어떤 규칙적인 모양(그림 1-9)을 갖게 된다는 것을 발견하였다.

그림 1-9. 빈틈이 규칙적인 펜로즈의 타일

실제로 이렇게 구성된 구조의 격자대로 그 합금의 원소들이 배열한다는 것이 밝혀졌고 X-선 회절 시뮬레이션으로도 측정치와 같은 회절 무늬를 나타낸다는 것이 밝혀져 이 문제는 결국 풀렸다. 일반적으로 준결정은 결정 같은 안정성은 없으나 준결정 상태를 안정적으로 유지하는 알루미늄/아연/마그네슘 합금은 어느 정도 안정하여 실제로 준결정 상태로 결정 육성까지 할 수 있었다.

3. 카오스와 프랙탈

자연은 너무 복잡해서 무질서하게 보이고 아무 규칙성이 없는 것처럼 보일 때가 많다. 수도꼭지에서 물이 떨어지는 모양은 한 순간도 같지 않아 아무 규칙성이 없이 우연의 연속으로 보인다. 호수면에 빗물이 떨어져 생기는 파동의 겹친 모양도 우연들의 모임으로 아무런 규칙성을 발견할 것 같지가 않다. 그러나 이런 무작위의 행동들도 많은 수가 서로 간섭하며 전개되면 전체의 큰 영역으로는 마치 규칙적인 무늬를 만드는 경우가 적지 않다. 북경에서 나비 한 마리가 한 작은 날개짓이 주위로 영향을 주어 결국 뉴욕에 태풍을 불어 올 수 있다는 이야기는 카오스를 설명하는 이야기의 첫머리를 장식하는 유명한 이야기다.

한 점의 씨에서 결정이 성장하는 것을 관찰해 보면 전체 큰 모양이 작은 부분을 확대한 모양과 닮게 된다(그림 1-10). 이렇게 자기를 닮은

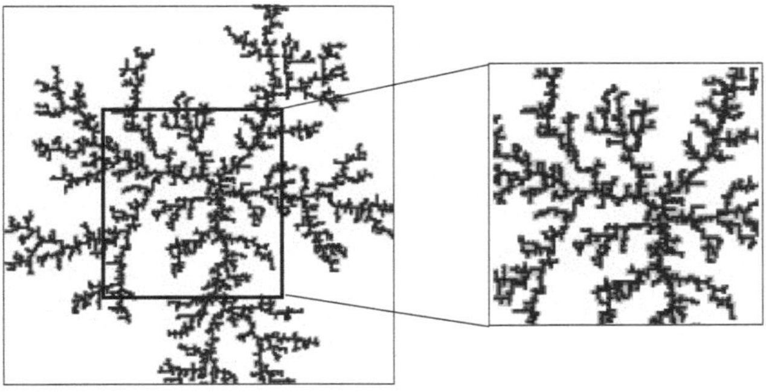

그림 1-10. 성장하는 결정의 프랙탈 도형

덩어리식 성장체를 프랙탈(쪽거리, fractal)이라고 한다. 프랙탈이란 부분의 구조가 전체 구조와 비슷한 형태로 되풀이되는 구조다. 이것을 "자기 유사성(self-similarity)"과 "순환성(recursiveness)"이라고 한다. 겉으로는 불규칙해 보이는 현상에서도 어떤 규칙성이 있다는 것이 카오스 이론이고, 프랙탈은 혼돈계의 불규칙성과 비예측성을 기술하고 분석할 수 있는 새로운 기하학이라고 할 수 있다. fractal이란 말은 라틴어의 fractus(조각)에서 나온 말이다.

자연계에는 의외로 프랙탈 도형이 많이 나온다. 나무의 가지, 꽃이나 배추 등의 잎의 모임(그림 1-11, 12), 눈의 결정(그림 1-13) 등 한이 없다. 이 이론을 응용하여 일견 불규칙해 보이는 자연 현상들을 해석하고 예측하는 데 사용한다.

그림 1-11. 브로콜리의 프랙탈

1차원 도형에서 전체 양은 성장하는 길이에 비례한다. 2차원에서는 제곱에 비례한다. 3차원 공간으로 성장하면 길이의 세제곱으로 성장한다. 그런데 프랙탈에서는 길이의 1.7제곱만큼씩 성장한다는 것이 수학적으로 계산되었다(그림 1-14). 즉, 1.7차원이라는 말이다. 차수가 정수가 아니니 참 이상한 일이다.

그림 1-12. 나뭇잎

그림 1-13. 미국 버몬트주의 작은 시골 마을 제리코의 농부이며 마이크로사진 작가인 벤틀리(Wilson A. Bentley, 1865-1931)가 찍은 눈 결정들. "Snow Crystals" (McGraw-Hill 1931, 절판된 후에 다시 Dover Publications, Inc.에서 재발간)

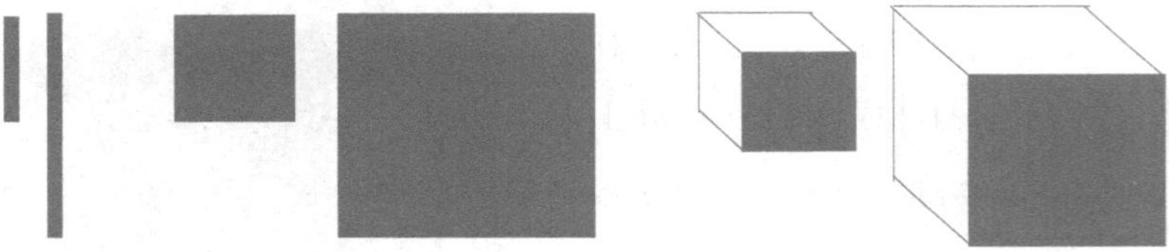

그림 1-14. 1차원, 2차원, 3차원 프랙탈

4. Bucky Ball

정다각형을 반복할 때 3각형, 4각형, 6각형을 사용하면 평면을 만들 수 있다. 만일 이들 정다각형을 적절히 조합하면 곡면을 만들 수 있지 않을까?

영국의 크로토(Harold Kroto) 박사 연구진들은 1970년대 초에 우주 공간에 존재하는 탄소 화합물을 찾고 있었다. 그 탄소 화합물들은 다른 원자 없이 순전히 탄소만으로 이루어진 다이아몬드나 흑연 같은 물질일 것이라고 생각하고 검댕이나 흑연 덩어리를 뒤져서 탄소만 60개가 모인 화합물을 찾아내었다. 탄소 60개로 이루어진 이 화합물은 C60(그림 1-15)이라고 부른다. 지금은 더 큰 공이 만들어져서 C70, C84, C120,

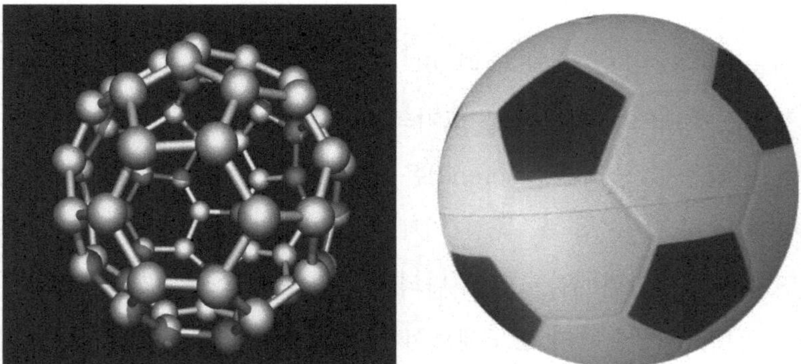

그림 1-15. C60의 원자 모형과 축구공

C240, C540 등이 나왔고 드디어는 원통형의 탄소 화합물도 나왔다. 이들은 너무 작은 구조로서 나노볼(nanoball), 나노튜브(nanotube)라고 부르는 하나의 독립적인 학문 분야가 될 정도로 중요한 물질이 되었다.

놀랍게도 이 화합물과 축구공은 그 구조가 완전히 똑같다! 6각형만을 가지고는 원형을 만들 수 없다. 그러나 6각형 사이사이에 5각형을 넣으면 놀랍게도 완벽한 공이 된다.

그림 1-16. 1967년 몬트리올 만국박람회의 미국관

이런 발견이 있기 바로 전 1967년 캐나다의 몬트리올에서 만국 박람회가 열렸다. 여기에 건설된 미국관(그림 1-16)은 그 모양이 특별하고 모던하여 화제가 되었다. 이 독특한 건축물을 설계한 사람은 벅민스터 풀러(Buckminster Fuller)이다. 이 건물의 구조가 마치 C60와 비슷하여 이런 화합물에 벅민스터풀러렌(buckminster-fullerene, 지금은 단순히 fullerene이라고 한다)이라는 이름이 붙었고, 간단히 bucky ball이라고도 한다.

이들은 탄소만으로 된 속이 빈 공이기 때문에 어떤 원소를 넣어둘 수도 있다. 볼베어링처럼 분자 크기의 베어링이나 윤활유로서 사용할 수도 있다. 원통형 풀러렌(fullerene)은 다른 원소를 빨아들이는 빨대처럼 사용하기도 하고, 수소 등 특정 기체를 잡아두는 장치로서 사용할 수도 있으며, 전압을 걸면 휘는 힘을 나타내어 인공 근육으로의 가능성도 보여주고, 전자를 방출하여 반도체로서의 가능성도 연구되고 있는 등 첨단 과학의 스타로 자리 잡고 있다.

Chapter 02

분자 집합체

액정을 이용한 평면 모니터는 가볍고 얇으며 선명하고 전력도 적게 들어 환상적인 화면을 선사한다.

1. 솔-젤

페인트 중에는 흐르지 않는 페인트가 있다. 칼로 자르면 자른 면을 볼 수도 있다. 그런데 붓으로 칠하면 액체처럼 흐르듯이 칠해진다. 이상하지 않은가? 이것이 어떻게 가능한가? 고추장은 천천히 저으면 흐르듯이 잘 저어진다. 그러나 빨리 저으면 숟가락이 휘어지며 마치 고체 같은 느낌의 덩어리가 된다. 이렇게 기계적 교반에 의하여 점도가 변하는 성질을 틱소트로피(thixotropy)라고 한다. 이것은 화학적인 변화도 아니고 단지 많은 수의 분자가 엉겨서 덩어리를 이룬 나노미터에서 미크론에 이르는 분자 집합체의 성질이다. 이 덩어리를 콜로이드(colloid)라고 하는데 여기에 속하는 물질들이 페인트, 치약, 그리스, 역청, 액정, 비눗방울 등으로서 도료, 식품, 화장품, 윤활유에서 크게 응용되고 있다. 이렇게 액체 같지 않은 액체들은 많은 종류가 있다. 모두 액체 안에 들어 있는 입자나 고체성 구조의 불순물 때문에 일어나는 현상이다.

이런 콜로이드 물질을 솔-젤(sol-gel)이라고 부르며 젤리나 젤라틴도 같은 물질이다. 유동성이 있으면 솔(sol), 유동성이 없으면 젤(gel)이라고 한다. 자연계에도 아주 폭넓게 사용되고 있다. 생명체의 조직 사이의 체액은 액체 같은 성질이 있어야 체내를 흘러 다닐 것이다. 그러면서도 형태를 갖추고 고체 같아야 무게를 지탱하는 구조가 될 것이다. 눈의 수정체도 젤이며 힘줄이나 뼈, 연골도 젤이다. 콜라겐이라는 천연 단백질 골격에 물을 머금고 젤 덩어리가 된 것을 젤라틴이라고 한다. 이같이 젤은 그물 구조 틈틈이 액체를 머금고 있는 구조이다.

그물 뼈대와 머금은 액체의 작용은 여러 가지 신기한 현상들을 일으킨다. 그물 뼈대의 이온 성질을 바꾸면 여러 가지 변화를 줄 수 있다. 폴리아크릴아마이드(polyacrylamide) 중합체로 뼈대를 만들고 알칼리 용액에 담그면 일부 아미드기가 가수분해되어 카복실산(COOH)이 된다. 이 카복실산기는 수소 이온(H+)을 내 놓고 산 음이온(COO-)이 된다. 양이온과 음이온의 결합력으로 이 그물은 서로 가까워지도록 수축한다. 여기에 물을 넣으면 물분자와 강하게 결합하여 물을 잔뜩 머금게 되고 수축하는 것을 막아 부피가 커진다. 그러나 아세톤을 넣어주면 잘 결합하지 않으므로 수축하려는 것을 막지 못해 수축하게 된다. 이렇게 이온의 양을 조절하면 수축-팽창을 조절할 수 있고, 전기나 빛으로 이온을 조절할 수 있으므로 전기로 수축-팽창을 조절하는 젤도 만들 수 있다. 이렇게 만든 것이 인공 근육이며, 아름다운 어항에서 헤엄치는 인공 열대어이다.

2. 미셀

액체 속에 들어 있어 특별한 성질을 나타내는 것으로서 미셀(micelle, 그림 2-1)이란 것이 있다. 비누가 때를 빼는 것은 비누가 기름 성분인 때와 물에 모두 잘 녹는 성질을 응용한 것이다. 이런 분자를 계면활성제라고 하는데 기름과 물의 계면에서 활동하는 분자라는 것을 알 수 있다. 비누에는 물과 잘 섞이는 친수성 부분과 기름과 친화하는 친유성 또는 소수성 부분이 함께 포함되어 있다.

이런 계면활성제와 기름 약간을 물에 넣으면 친수성 부분들이 바깥으로 향하는 공을 형성한다. 이것을 미셀이라고 한다. 미셀을 응용하면 물 중에 기름이 분리되지 않고 안정되게 분산시킬 수 있다. 만일 유기 용

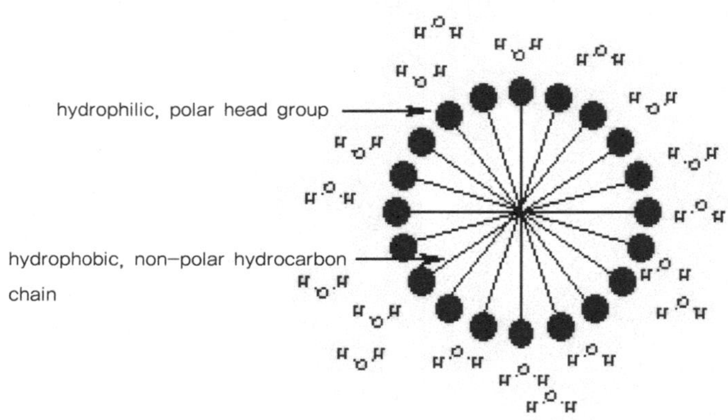

그림 2-1. 미셀

매에 계면활성제와 물을 약간 넣으면 유기 용매는 기름과 같으므로 소수성 부분이 바깥으로 향하는 역미셀이 된다. 이 둘은 모두 아주 유용하게 사용된다.

만일 많은 양의 계면활성제를 물에 넣으면 소수성 고리를 감추기 위하여 이중으로 막을 형성할 것이다. 이것을 막소포라고 하며, 생물체의 세포벽이 인지질(phospholipid)로 만들어진 리포솜(liposome, 그림 2-2)이 막소포인 것이 밝혀져 생명 현상을 연구하는 중요한 물질이 되었다. 세포벽을 통하여 물질을 출입시키는 것이 이 막소포의 역할이다.

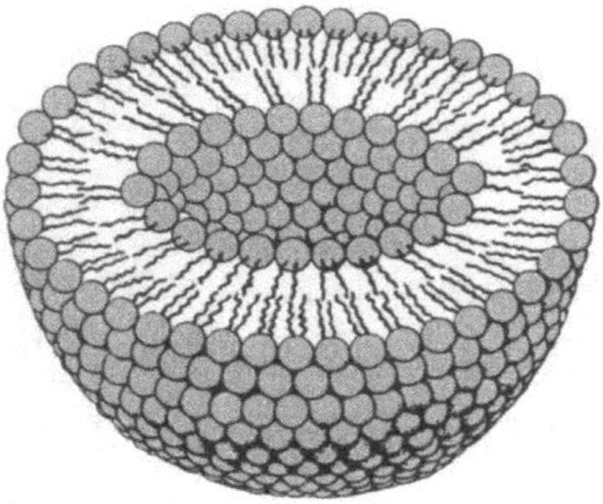

그림 2-2. 인지질로 이루어진 리포솜의 구조

3. 랭뮤어-블러젯 막

과학자들은 막소포와 같은 생체 구조를 인공적으로 만드는 데 도전하였다. 비눗방울이 물 위에 떨어지면 무질서하게 퍼져 나간다. 만일 그 비눗방울(계면활성제) 분자가 매우 많아서 촘촘하게 표면에 놓인다면 질서 있게 한 층으로 정렬할 것이다(그림 2-3). 1900년대 초에 미국의 랭뮤어(Langmuir)가 쉽게 분자의 한 층을 정렬시키는 방법을 발견했다. 네모난 물통에 계면활성제를 떨어트리고 움직일 수 있는 가로대를 조심스럽게 좁혀서 분자 정렬을 성공시켰고, 1910년 그의 학생 블러젯(Blodgett)과 함께 여기에 유리판 같은 판으로 그 층을 떠서 옮기는 데 성공했다. 이것을 랭뮤어-블러젯(Langmuir-Blodgett, LB) 막(그림 2-4)이라고 한다. LB 막은 생물학적 막과의 유사성 때문에 생물학적 분자들을 담는 그릇으로 쓸 수 있다. 이 막은 규칙적인 분자 배열 때문에 분리나 센서, 전자 또는 광학적으로 유용하게 이용될 수 있다. 현재는 LB 막을 만드는 장치도 판매하고 있다(그림 2-5, 6).

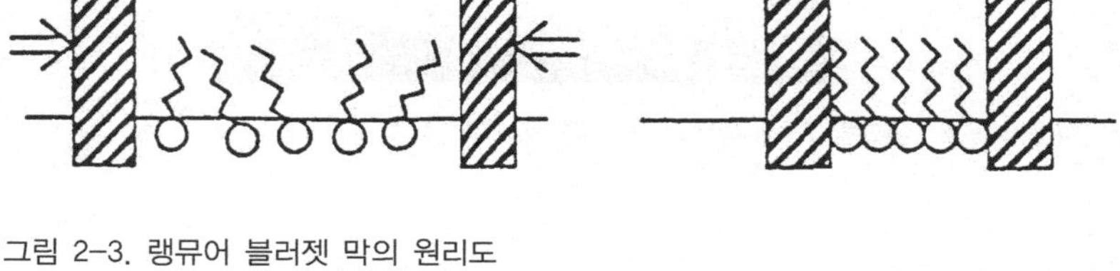

그림 2-3. 랭뮤어 블러젯 막의 원리도

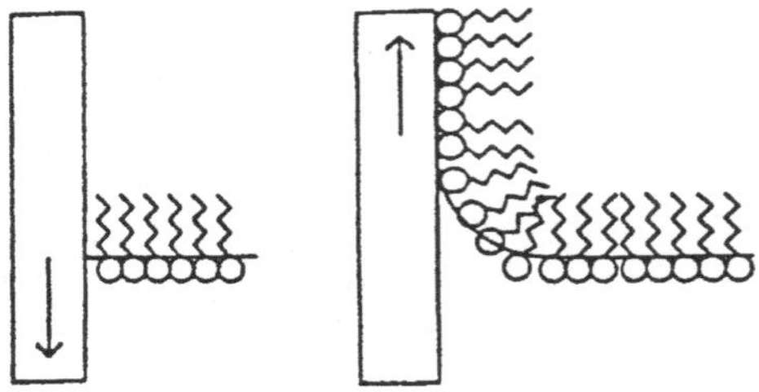

그림 2-4. 랭뮤어-블러젯 막의 제작

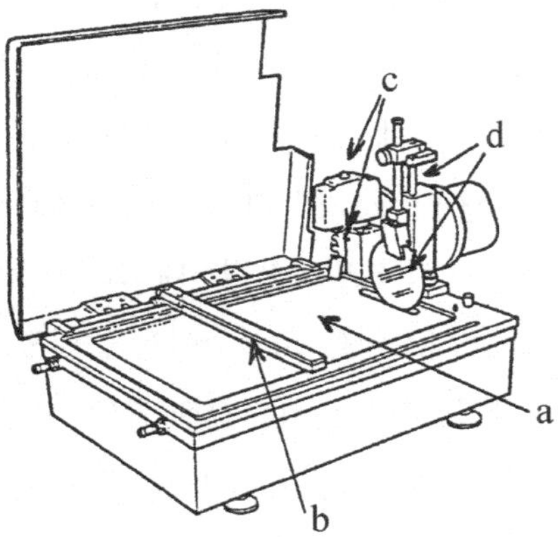

a:LB 분자막
b:경계 막대
c:토크 측정 장치
d:LB 막을 뜨는 디스크

그림 2-5. 랭뮤어-블러젯 막 제작 장치 구조도

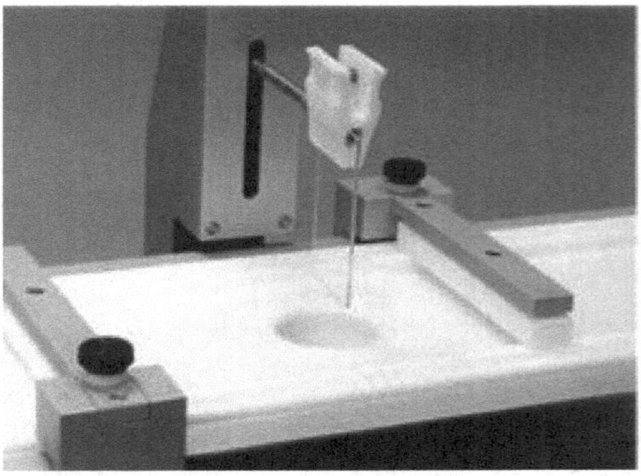

그림 2-6. 랭뮤어-블러젯 막 제작 장치의 실례

4. 액정

지금까지 이야기한 틱소트로피(thixotropy)와 미셀(micelle)은 일정한 격자 또는 결정과 비슷한 규칙적인 구조를 이루면서도 액체인 것들이다. 쉽게 이야기하면 고체(결정)의 성격을 띠고 있지만 액체처럼 흐르기도 하는 물질이라는 것이다. 더 신기한 물질이 있다. 액정(liquid crystal)이라는 친숙한 단어는 지나치기 쉽지만 사실은 불합리한 말이다. 고체는 결정 구조를 가지고 있는 반면에 결정 구조를 가지지 않는 액체는 흐를 수 있다. 그런데 결정이면서 액체라니?

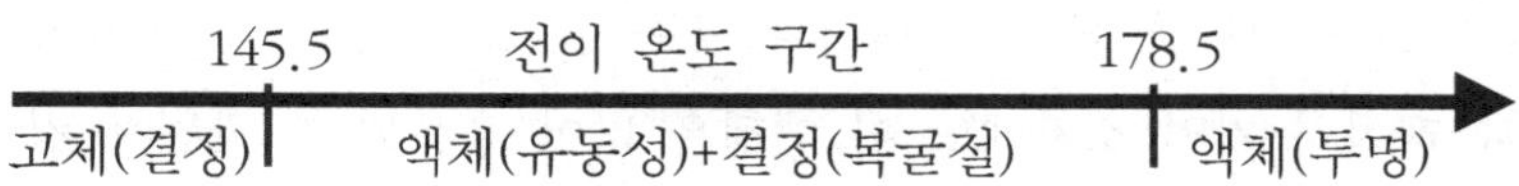

1888년 오스트리아 식물학자 라이니처(Reinitzer)가 생체 물질인 콜레스테롤을 변화시킨 벤조산 콜레스테롤의 결정을 만들어 온도를 가하자 145.5도에서 액체가 되었는데 불투명하였다. 더 온도를 가하자 178.5도가 돼서야 맑은 액체가 되었다. 녹는점이 두 개인 물질인 것이다! 그 두 온도 사이에서 연구를 해보니 결정에서만 보이는 복굴절(birefrengence, 방향에 따라 투과 굴절률이 달라지는 현상) 성질을 보였다. 그런데 액체처럼 유동성이 있었다. 더구나 온도를 높이면 점도가 점점 낮아지는 것이 일반 모든 물질의 성질인데 이상하게도 어느 온도(145.5도)에서 갑자

기 점도가 높아졌다. 나중에 이런 물질이 위치 배열은 무질서하지만 배향 질서가 규칙적이므로 액체와 결정의 성질을 모두 가진다고 밝혀졌고, 액체 결정이라는 액정(liquid crystal)으로 불리게 되었다.

물질의 결정 격자의 규칙성	고체 결정	액정	등방성 액체
위치 규칙성	O	X	X
배향 규칙성	O	O	X

액정의 구조도 여러 가지가 있다. 가장 단순한 네마틱(nematic), 층상 구조를 하는 스멕틱(smectic), 배향의 방향이 나선형으로 돌아가는 콜레스테릭(cholesteric) 등이 있다(그림 2-7). 콜레스테릭상은 키랄 네마틱(chiral nematic)이라고도 하는데 그 이유는 네마틱상을 이루는 분자에 키랄(비대칭) 탄소가 있으면 배향이 나선형으로 배열하기 때문이다.

이런 액정은 배향의 방향에 따라 굴절률이 달라지는 복굴절을 응용하여 LCD 표시 장치(그림 2-8)를 만들 수 있다. 브라운관처럼 크고 무겁지 않아 얇고 가벼운 TV나 모니터를 만들 수 있다. 광학 분야와 광전자 분야나 레이저 기억 소자에도 이 액정은 많이 응용된다. 광전자 컴퓨터도 연구되고 있다. 액정의 자기 배향이라는 성질을 응용하여 초고강도

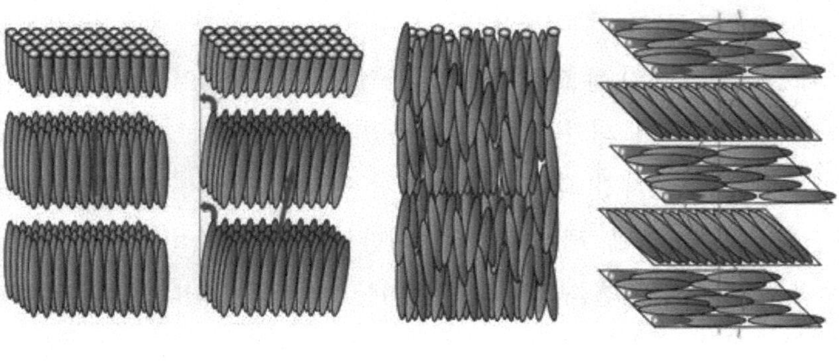

그림 2-7. 액정 구조들

그림 2-8. LCD의 실례

섬유도 만든다. 배향이 일정하게 되므로 이렇게 일정 배향한 섬유는 일반 섬유보다 매우 강도가 크다. 낚싯대, 테니스 라켓, 골프채, 스키, 스노보드 등뿐만 아니라 미사일, 방탄복, 헬멧 등을 만드는 데 사용하는 케블라(Kevlar)라는 듀퐁이 만든 초고강도 섬유도 액정 고분자이다.

액정 물질은 X-선 회절 분석에 의하여 결정 격자의 구조와 층간거리 및 각도를 알 수 있고, DSC(differencial scanning calorimeter)에 의하여 전이 온도를 측정할 수 있으며, 편광현미경에 의하여 구조(texture, 그림 2-9~17)를 관찰할 수 있다.

보통 네마틱에서 실모양의 무늬가 자주 관찰된다(그림 2-9). 그중에서도 쉴리런(schlieren)이라는 독특한 모양이 있는데(그림 2-10) 액정 무늬 중 가장 특징적인 무늬이다. 보통 네 발을 가진 핵이 나타나지만 두 발을 가진 핵이 하나만 관찰되어도 그 물질은 네마틱이라는 것을 확신할 수 있다. 즉, 네마틱을 결정해 주는 지표로 사용한다.

액정 구간보다 높은 온도인 등방성 액체 상태에서 서서히 온도를 낮추면 보통 작은 방울(그림 2-11)들이 나타나기 시작하고 그 방울들이 점점 확대되는데, 그때 방울 안에 쉴리런의 모양이 나타나기도 하고 다음 그림 2-16처럼 다른 무늬가 성장하기도 한다.

부채꼴 무늬(그림 2-12)는 매우 흔하며 그 종류도 매우 다양하다. 단색 부채, 다색 부채, 줄 처진 부채(그림 2-13), 찢어진 부채(그림 2-14) 등 다양하다.

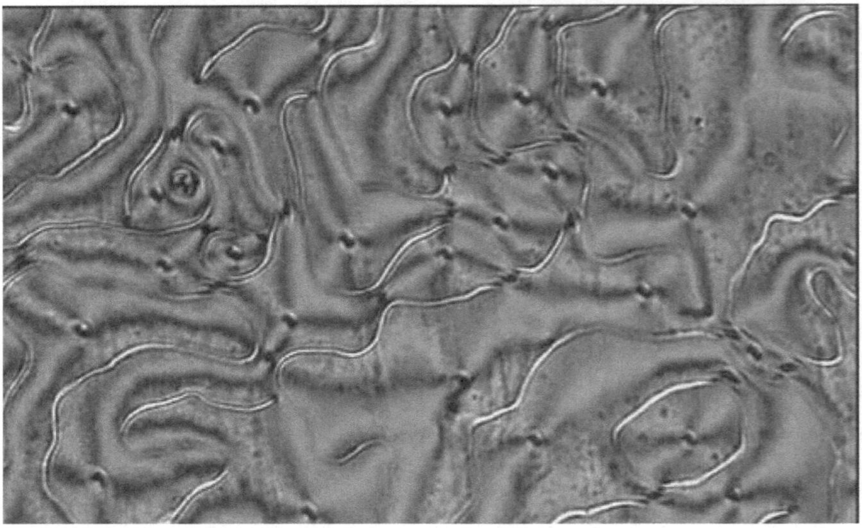

그림 2-9. 액정 구조 편광 사진(thread in nematic)

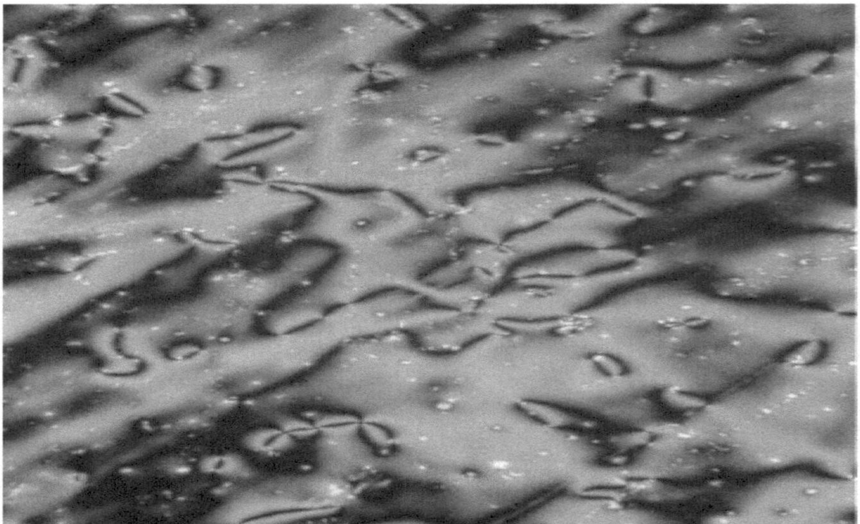

그림 2-10. 액정 구조 편광 사진(schlieren in nematic)

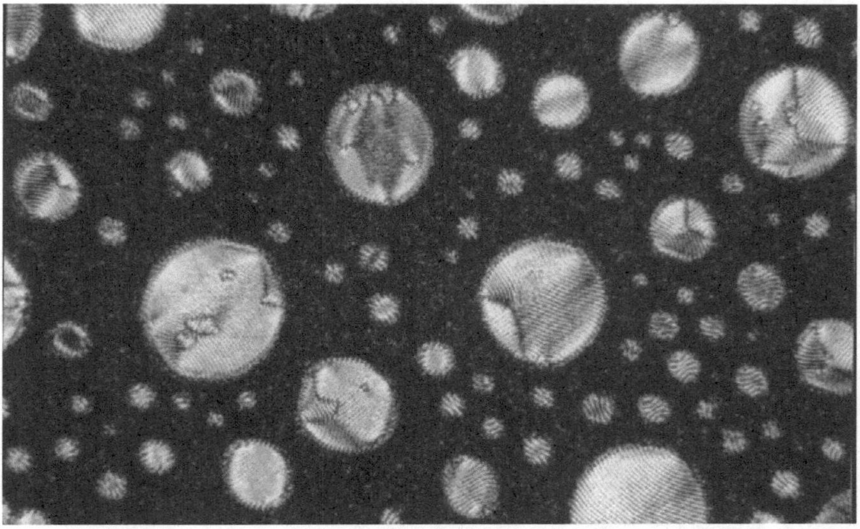

그림 2-11. 액정 구조 편광 사진(droplet in smectic)

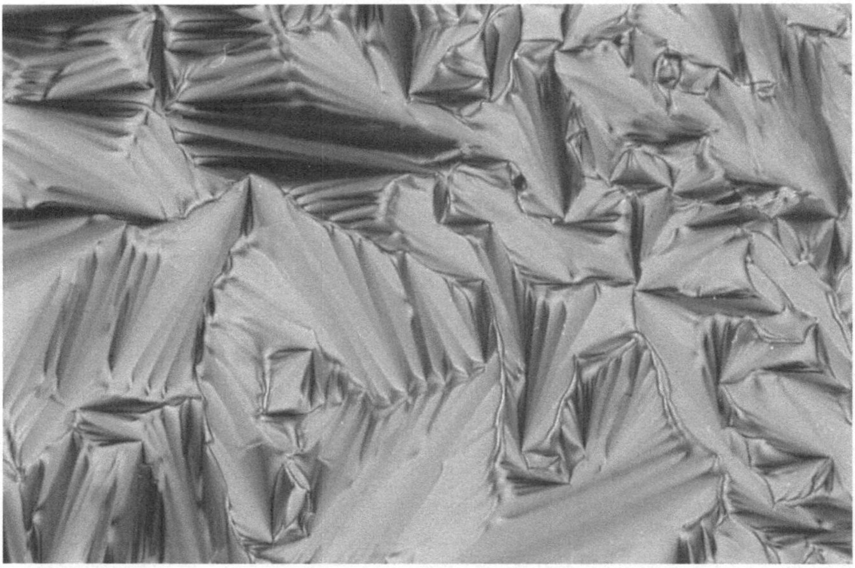

그림 2-12. 액정 구조 편광 사진(conic focal in chiral smectic)

그림 2-13. 액정 구조 편광 사진(rayed conic focal)

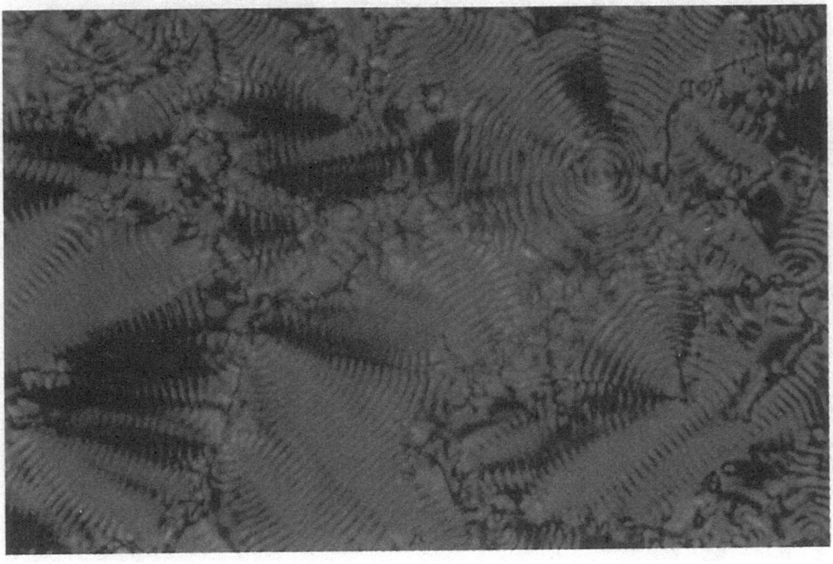

그림 2-14. 액정 구조 편광 사진(broken conic focal)

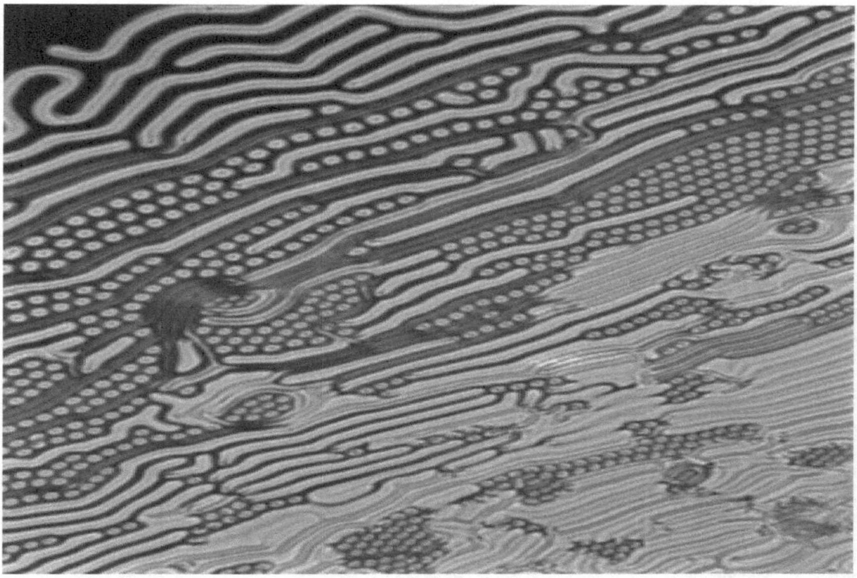

그림 2-15. 액정 구조 편광 사진(bubble in cholestric)

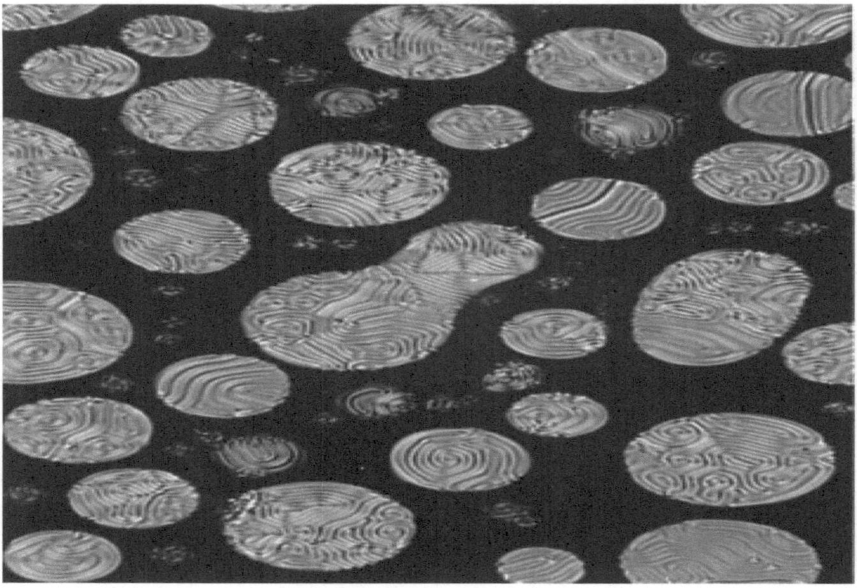

그림 2-16. 액정 구조 편광 사진(droplet in cholestric)

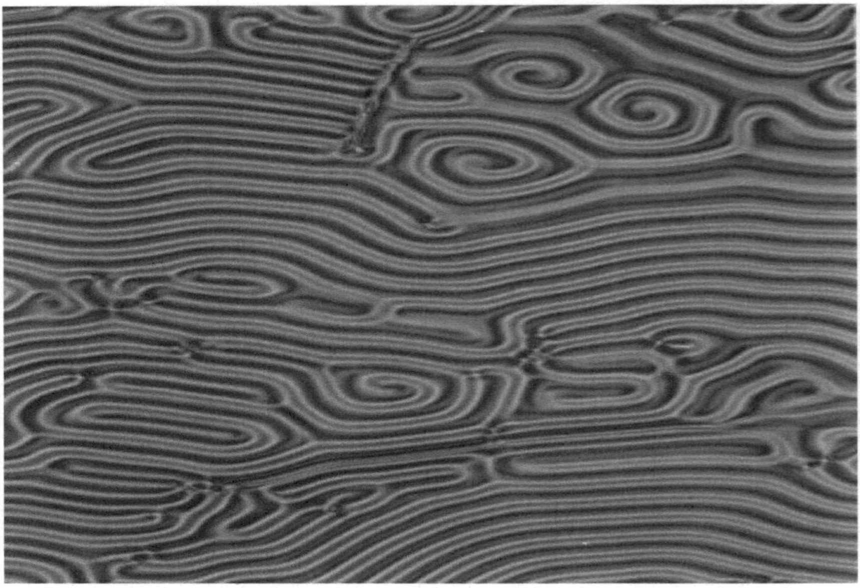

그림 2-17. 액정 구조 편광 사진(cholesteric)

Chapter 03

나노기술

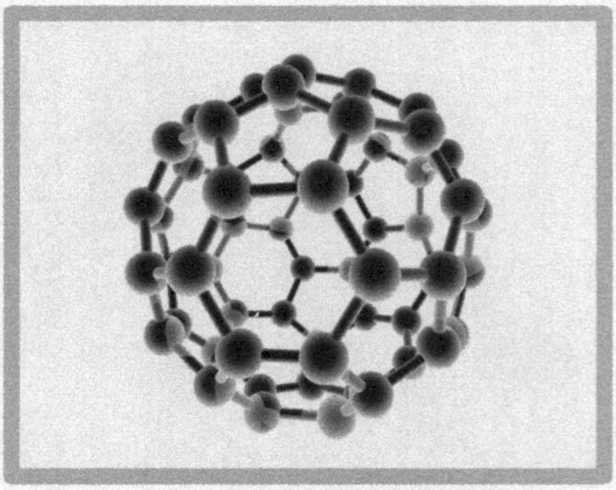

자연의 재 속에서 찾은 탄소만의 물질 C60는
축구공과 완전히 똑같은 형태를 갖는다는
기묘함뿐 아니라
그 기능과 미래의 전망도 우리를 놀라게 한다.

1. 나노기술이란?

21세기를 이끌어 나갈 3대 기술을 꼽으라면 정보 기술(IT, Information Technology), 바이오 관련 기술(BT, Biotechnology), 나노기술(NT, Nano-technology)을 꼽는다. 나노(nano)란 그리스어의 '난쟁이'에서 유래한 말로 '10억분의 1'을 의미한다.

+12	+9	+6	+3	−3	−6	−9	−10	−12
tera	giga	mega	kilo	mili	micro	nano	aungstrom	pico

보통 분자 하나의 크기가 나노 단위가 된다. 그러므로 나노기술이란 분자 크기의 기술이란 말이다.

2. 나노기술의 등장

나노기술이 본격적으로 등장한 것은 1929년 스위스의 로러(Rohrer)와 비니히(Binnig)가 전자현미경(그림 3-1, 2)과 원자현미경의 개념을 제안하고서부터라고 할 수 있다. 그들은 이 공로로 1986년 노벨 물리학상을 수상했다.

광학현미경은 배율이 아무리 높아도 수천 배를 넘지 못한다. 가시광선을 사용하기 때문에 가시광선의 파장보다 작은 시료는 원천적으로 관찰이 불가하다. 만일 파장이 매우 작은, 즉 진동 주파수가 매우 큰 전자

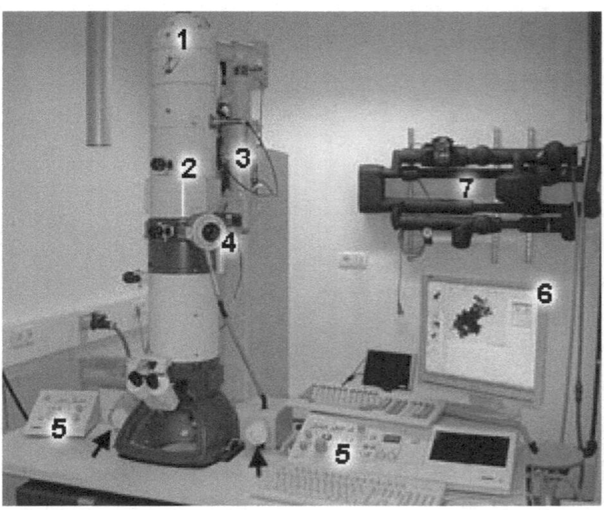

1: 컬럼 윗부분에 장착된 전자총
2: 컬럼 내부에서 전자빔을 포커싱하는 광전 렌즈
3: 진공 펌프 시스템
4: 고진공 시료 주입구
5: 위치 조정과 배율 조정 판넬
6: 이미지 모니터
7: 냉각 시스템

그림 3-1. 투과전자현미경(TEM)

선을 사용하면 더욱 높은 배율을 얻을 수 있을 것이다. 투과전자현미경(TEM, Transmission Electron Microscope)은 광학현미경의 가시광선 대신 전자선을 사용하고 렌즈 대신 반도체 증폭기를 사용하여 수십만 배의 배율을 얻는 데 성공했다. 그러나 이것은 시료가 전자선에 대하여 투명해야 한다. 만일 시료가 투명하지 않다면 표면의 형상을 얻기 위해 전자선을 표면에 쏘아 그 반사하는 전자선을 탐지(detect)하여 형상화하면 영상을 얻을 수 있을 것이다. 이런 원리로 개발된 것이 주사전자현미경(SEM, Scanning Electron Microscope)이다.

더욱 높은 배율을 얻기 위해 STM, AFM 등이 개발되었다. 주사터널링현미경(Scanning Tunneling Microscope, STM)은 미세한 탐침을 시료 위 1 nm 이하로 접근시키면 전자가 탐침과 시료 사이를 통과하는 현상, 즉 터널링 전류가 흐르는 것을 이용한 현미경으로, 시료 위를 스캐닝(scanning) 하면서 이 전류를 일정하게 유지하려면 시료의 형상에 따라

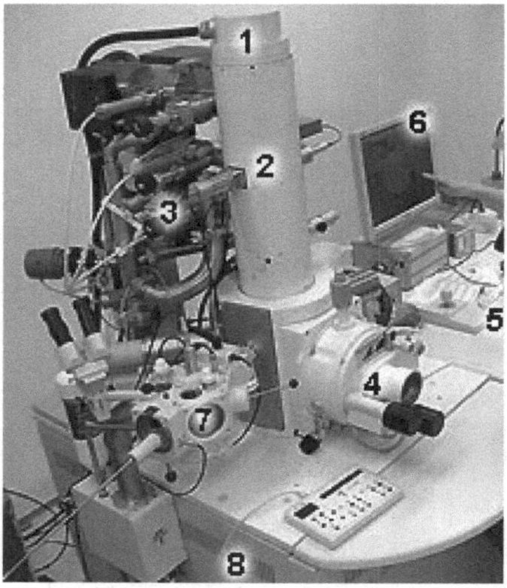

1: 컬럼 윗부분에 장착된 전자총(장-방출 광원, field-emission source)
2: 컬럼 내부에서 전자빔을 포커싱하는 광전 렌즈
3: 진공 펌프 시스템
4: 고진공 시료 주입구
5: 위치 조정과 배율 조정용 조정판넬(joystick)
6: 이미지 모니터
7: 초저온 SEM 모드를 위한 초저온 시료 냉각 장치
8: 전자 저장 장치

그림 3-2. 주사전자현미경(SEM)

탐침이 상하로 움직여야 하는데 이때의 높낮이 변화를 기록하여 시료 표면의 형상을 얻어낸다.

주사터널링현미경은 측정하는 시료가 반드시 전류를 통해야 한다. 즉, 부도체를 관찰하지 못한다는 뜻이다. 이런 단점을 해결한 원자현미경(Atomic Force Microscope, AFM)은 STM의 전자 터널링 현상 대신 시료 표면의 원자, 분자와 미세 탐침 간의 원자간 힘을 측정하여 그 값이 일정하게 되도록 탐침이 움직이는 데 그 운동을 형상화한다.

이들 현미경을 이용하면 종래의 광학현미경으로는 도저히 불가능하였던 원자나 분자까지 관찰할 수 있을 뿐 아니라 더 나아가 표면에서의 원자나 분자의 조작까지도 가능하다. 즉, 원자를 끌거나 들어 올리거나 화학 반응을 일으키게 하는 것이 가능하다. 이 때문에 나노기술은 앞으로 물리, 화학은 물론 생물, 전자, 기계 등 거의 모든 과학 영역에 신기원을 이룩할 것으로 기대되고 있다. 실제 원자나 분자가 일으키는 화학 반

표 3-1. 현미경의 발전

종류	영문	한글명	개발년	배율	특징
OM	Optical Microscope	광학현미경	1590	수천배	대물 렌즈×대안 렌즈, 가시광선 사용
TEM	Transmission Electron Microscope	투과전자현미경	1929	수십만배	전자선을 주사 투과하여 영상화
SEM	Scanning Electron Microscope	주사전자현미경	1942	"	전자선을 주사하여 반사되어 나오는 전자를 측정
STM	Scanning Tunneling Microscope	주사터널링현미경	1983	수천만배	탐침과 시료 사이를 통과하는 전자의 터널링 전류를 일정하게 유지하기 위한 탐침의 상하운동을 형상화
AFM	Atomic Force Microscope	원자현미경	1986	"	시료 표면의 원자, 분자와 미세 탐침 간의 원자간에 작용하는 미세한 힘의 작용을 이용하여 형상화

응을 추적해 냄새를 맡는 인공코가 실험 중에 있으며 더 나아가 원자를 서로 꿰맞추어 원형 미생물을 제조할 수 있다는 주장까지 나왔다. 미국 MIT(Massachusetts Institute of Technology) 출신인 에릭 드렉슬러(Eric Drexler) 박사는 "21세기 중 분자 단위의 나노공장이 등장하여 이산화탄소를 분해하고 지구 온실 효과를 해결할 것"이라고 예언하였다.

3. 나노기술과 정보 저장

STM과 AFM 리소그라피(lithography)를 이용하여 미세 무늬를 만드는 반도체 신기술에 대한 연구는 정보 저장 기술에 새로운 분야를 개척하였다. 이것은 STM과 AFM에 사용되는 미세 탐침을 이용하여 표면에 미세 무늬를 만드는 것을 말하며, STM에 사용되는 미세 탐침을 이용할 경우, 그어진 선의 폭은 대략 2nm로서 이를 이용하면 초고집적 반도체를 만들 수 있어 반도체 기술에 대혁명을 가져올 것으로 예상된다. 미세 회로 선폭의 간격이 좁아질수록 동일한 크기의 웨이퍼에 더 많은 트랜지스터를 내장해 반도체 집적도를 높일 수 있다. 또 트랜지스터의 간격이 좁아질수록 전자 이동이 빨라져 동작 속도를 늘리면서도 열 방출량과 전력 소모량을 줄일 수 있다. 미세 회로 선폭 기술은 지난 80년대 초 6㎛(1미크론=100만분의 1m)기술이 소개된 이후 약 20년간 비약적인 발전을 거듭하여, 90년대 초까지는 1.0㎛의 시대를 열었고, 93년에 인텔이 0.8㎛기반의 펜티엄 프로세서를 대량 생산하면서 소수점 이하의 ㎛시대를 열었으며, 이후 2년여의 간격을 두고 0.5㎛, 0.35㎛, 0.25㎛ 공정기술이 개발됐다.

최근 IBM연구소에서는 AFM의 미세 탐침을 한 평면상에 32×32개의 배열을 형성한 후 나노리소그라피 기술을 이용하여 PMMA라는 고분자 박막에 반도체의 집적 회로를 구현함으로써 테라비트급(1테라=1000기가)의 정보 저장 시스템을 개발하여 발표한 바 있다.

반도체의 집적도를 올리기 위한 또 다른 나노기술로는 양자점(quantum-dot) 트랜지스터가 있다. 기존의 수백만 개의 전자가 모여 하나의 트랜지스터를 이루는 기존 반도체와는 달리 하나의 전자가 양자점에 들어가고 나가는 물리적인 현상인 단전자 터널링 현상을 이용하여 바로 하나의 전자가 하나의 트랜지스터가 되는 것이다.

4. 탄소 나노튜브

1985년에 크로토(Harold Kroto) 교수와 스몰리(Richard Smalley) 교수가 탄소의 동소체(allotrope) 중의 하나인 C60를 처음으로 발견한 이후, 1991년 이 새로운 물질을 연구하던 일본전기회사(NEC) 부설 연구소의 이이지마(Sunio Iijima) 박사가 전기 방전법을 사용하여 흑연 음극상에 형성시킨 탄소 덩어리를 투과전자현미경(Transmission Electron Microscope, TEM)으로 분석하는 과정에서 가늘고 긴 대롱 모양의 탄소 나노튜브를 발견하여 네이처(Nature; 세계적인 과학 잡지)에 처음으로 발표한 것이 탄소 나노튜브의 시작이다.

나노튜브를 도핑하여 반도체로 사용하면 현재의 실리콘 소자를 뛰어넘어 테라급의 메모리 소자도 만들 수 있을 것으로 예상되고 있다. 탄소 나노튜브를 이용한 장-효과 트랜지스터(Field-effect transistor, FET) 응용 기술은 소자의 처리 속도뿐만 아니라 소형화에 크게 기여할 것으로 기대된다. 탄소 나노튜브의 우수한 전기 전도도와 기계적 강도를 이용하면 위에서 언급한 STM 및 AFM의 미세 탐침으로도 사용하여 기존 실리콘(Si)이나 실리콘 나이트라이드(SiN) 재질의 탐침에 비해 훨씬 미세하고 결점이 적은 고분해능의 현미경도 개발될 것으로 기대된다.

또한 탄소 나노튜브를 이용한 전자 방출원(emitter) 및 FED(field emission display)를 이용하면 FED(field emission display) 평판 디스플

레이로도 응용이 가능하다.

탄소 나노튜브를 이용한 2차전지 및 연료전지는 자동차 배터리, 충전용 건전지, 노트북 컴퓨터 등의 소형 이동용 전자 제품에 응용할 수 있는 가능성이 크다. 탄소 나노튜브의 빈 공간을 이용하여 수소를 저장하면 단위 질량당 저장 능력이 뛰어난 초소형 연료전지가 가능해진다.

5. 나노기술의 전망

그밖에 나노기술을 바이오센서에 응용해 바이러스, 세포막, 단백질 복합체를 인공적으로 만들거나 조절할 수 있게 되어 DNA 칩을 개발할 수 있다. 실리콘, 표면 개질 유리와 같은 고체 표면에 6~20 염기의 프로브 올리고 핵산(probe oligonucleotide)을 1000개~1,000,000개 정도 정착시켜서 만든다. DNA 칩을 사용하면 DNA 분석 속도를 수십~수백 배 증가시킬 수 있으며, 유전자 분석, 병원균의 검출, 유전병이나 암의 진단, 돌연변이의 탐색, 신약 개발 등 폭넓은 분야에 응용할 수 있다. 더 나아가, 분자나 원자 하나하나를 집는 나노핀셋이 가능해져 엄청난 화학, 물리, 생물 분야의 대변혁을 예상하기도 한다.

Chapter 04

고분자 신소재

스파이더맨의 옷과 초강력 거미줄은
실제 고분자 신소재로 현실화될 수 있다.

1. 신소재란?

1. 기존 재료에 비해 높은 부가가치를 갖는 새로운 재료

소재를 지배하는 자가 세계를 지배한다는 말이 있다. 선진부국을 이루는 길은 과학 기술과 산업 발전에 의해서만 가능하며, 이것의 기초는 소재 기술이다. 예전에는 소재를 사오면 되었으나, 무한 경쟁 시대이며 정보의 시대인 지금 소재는 돈을 주고 얻을 수 없는 경우가 많고, 살 수 있다 하더라도 값이 너무 비싸서 자체 생산하는 길밖에 없는 경우가 많다. 그러나 다른 기술보다 소재 기술은 미지의 부분이 많기 때문에 연구자의 경험과 비밀스러운 노하우가 중요한 경우가 많아 기술 이전이 간단치 않다. 기술의 원료, 즉 소재 전쟁이 이제 시작되었다. 많은 신소재에 대한 정보를 갖게 되면 생활과 산업에 무한한 가능성을 줄 수 있을 것이다.

2. 소재의 종류와 발전

소재는 크게 세 가지로 나눌 수 있는데, 무기 재료, 금속 재료, 고분자 재료가 그것이다. 신소재와 구별하여 전통 재료라 하면 돌, 흙, 유리 등의 무기 재료, 금, 은, 구리, 청동, 쇠 등의 금속 재료, 종이, 나무 등의 천연 고분자 재료 등으로 구분할 수 있다. 신소재도 고분자 재료, 무기 재료, 금속 재료로 나눌 수 있다. 이용되는 특성에 따라 구조용 소재와 기능성 소재로 나누는 것도 편리하다. 구조용 소재는 형태를 갖추게 하고 기본 구조를 이루는 소재를 말하며, 그에 따라 구조적 강도가 필요하다. 기능성 소재는 구조적 형태보다 특수한 기능이 주로 이용되는 소재로서 강도보다 여러 특수한 화학적 물리적 기능이 중요한 요건이 된다. 이 기능성 소재는 특히 값이 비싸도 기능상 사용할 수밖에 없는 경우가 많아 고부가가치를 갖는다.

표 4-1. 소재의 종류

	원시 천연 재료	전통 산업 재료	신소재
고분자	나무, 종이, 가죽, 비단	수지, 고무, 합성섬유	엔프라, 복합재료, 파인폴리머
무기	돌, 흙, 모래	벽돌, 도기, 자기, 유리	파인세라믹
금속	금, 은, 구리, 청동, 쇠	알루미늄, 강철, 합금	신합금

표 4-2. 소재의 양대 요소 물성

	요소 물성	용도
구조용 신소재	강도(인장, 압축, 충격, 표면), 경량, 내열성, 탄성, 가공성, 가격	섬유, 가구 건축재, 고무, 가전품, 자동차 조선 항공 재료
기능성 신소재	전자 특성, 분리 기능, 광특성, 자성, 생체 친화성	반도체, 전자, 광통신, 센서, 분리막, 의료용

3. 신소재 공업의 특징과 분류

신소재 산업은 고부가가치의 특징을 갖는다. 그러므로 다음의 특성을 이야기할 수 있다.

- 기술 집약적 산업
- 다품종 소량 생산
- 배타적 기술 지배

• 아주 높은 성장세

신소재 공업을 몇 가지 다른 관점으로 분류할 수 있다. 즉, 물질에 따라, 기능에 따라, 용도에 따라 구분할 수 있다.

표 4-3. 신소재 공업의 분류

물질에 따른 분류	기능에 따른 분류	용도에 따라
금속 신소재 무기 신소재 고분자 신소재	전자 재료 자성 재료 광학 재료 내열 재료 고강도 재료	전자 정보 통신 에너지 우주 항공 의료 복지 자동차 운송

2. 고분자란 무엇인가?

고분자를 가리키는 말에는 여러 가지가 있으며 다음 표에 정리하였다. 현실적으로는 이 낱말을 거의 구별 없이 사용하지만 엄밀하게는 각각 다른 의미를 갖는다. 고분자나 macromolecule는 어떤 재료를 어떤 과정을 거쳐 만들어졌는가는 생각지 않고 이 분자가 현재 분자량이 큰가 작은가로만 구분한 것이다. 천연의 고분자들 중에 어떤 과정을 거쳐 생성되었는지 알 수 없는 경우 이 단어를 사용할 수밖에 없다. 중합체나 polymer는 단량체(monomer)의 대칭이 되는 단어로서 큰 분자량의 물질이 저 분자량의 단량체에서 중합 반응을 거쳐 만들어졌음을 뜻한다. 그래서 저 분자량의 단량체 구조가 반복되는 구조로 되어 있다. 수지나 resin은 공업용 단어로서 원래 플라스틱의 발전 초기에 실제 나무의 진에서 추출하여 만든 연유로 이런 이름이 붙은 것이다. 수지에는 천연 수지와 합성 수지가 있다.

표 4-4. 고분자의 별명들

우리말	영어	본래의 뜻
고분자	macromolecule	거대 분자량의 물질
중합체	polymer	단량체(monomer)가 중합한 것
(합성)수지	resin	송진 등 천연 수지에서 파생한 말
플라스틱	plastics	열가소성을 갖는 물질

플라스틱은 열가소성을 갖는 물질로서, 원래 thermoplasticity를 갖는 물질을 thermoplastics라고 부르던 데서 유래한 용어이다. 즉, 이 플라스틱

이란 용어는 그 물성을 가리키는 말이다.

여기서 열가소성이란 무엇인가 알아보자. 이 낱말은 '열+가+소성'으로 이루어졌는데, 뒤로부터 이해하는 것이 쉽다. 우선 소성이란, 외력을 가하여 변형을 시키고 외력을 제거해도 그 변형이 유지되며 원상 복귀되지 않는 성질을 말한다. 반대 용어는 탄성으로, 스프링은 힘을 가해 늘였다가 힘을 빼면 도로 원상 복귀되지만, 찰흙은 손으로 힘을 가해 변형시키고 그대로 두면 원상 복귀(탄성)되지 않고 그 형태를 유지(소성)한다. 그럼 가소성이란 무엇인가? 그 소성이 가역적임을 나타낸다. 즉 외력을 가해 변형시키면 그 변형이 유지되고 다시 힘을 가하면 다시 변형이 가능하고 두 번째 변형이 유지된다. 여기에 '열'을 첨가하면 열가소성이 되는데 그 가소성이 열에 의해 가능함을 나타낸다. 열가소성 수지란 이런 열가소성을 갖는 수지를 말한다.

소성	외력에 의한 변형이 유지되는 성질
가소성	가역적으로 가능한 소성
열가소성	열에 의한 가소성

그림 4-1. 열가소성의 이해

고분자의 요점은 간단한 구조로서 반복된 거대한 크기(분자량)의 분자라는 점이다. 그리고 그 반복되는 사슬은 탄소를 기초로 한다. 고분자는 단량체(monomer)라는 저분자량의 원료를 중합 반응(polymerization)시켜서 만든다. 그래서 중합체(polymer)라고도 부르는 것이다. 실리콘이나 포스파젠 고분자처럼 무기 원소가 주사슬 원소인 고분자도 있으나 거의 대부분의 고분자는 유기 고분자이다. 즉, 탄소가 주사슬 원소로 되어 있는 고분자이다. 동물의 몸을 이루고 있는 단백질은 아마이드 결합(-NHCO-)으로 되어 있는 폴리펩타이드이다. 식물의 몸체를 이루는 셀룰로스나 아밀로스는 탄수화물이라는 고분자이다. 가장 많이 사용하는 폴리에틸렌은 에틸렌(CH_2=CH_2)이라는 원료 가스를 중합시켜서 만들며 분자량이 수만-수백만에 이른다. 이렇게 긴 사슬 구조인 고분자는 그 형태의 특이성 때문에 특이한 성질을 갖는다. 즉, 다른 물질들이 녹는점을 하나 갖는 데 반하여 고분자는 녹는점 이외에 연화점(유리 전이 온도에서 기인한 것이다)이 있다. 또 긴 사슬이기 때문에 사슬이 겹쳐서 이루어진 결정성 부분과 비정질 부분이 공존하여 준결정성(semi-crystalline) 성질을 갖는다.

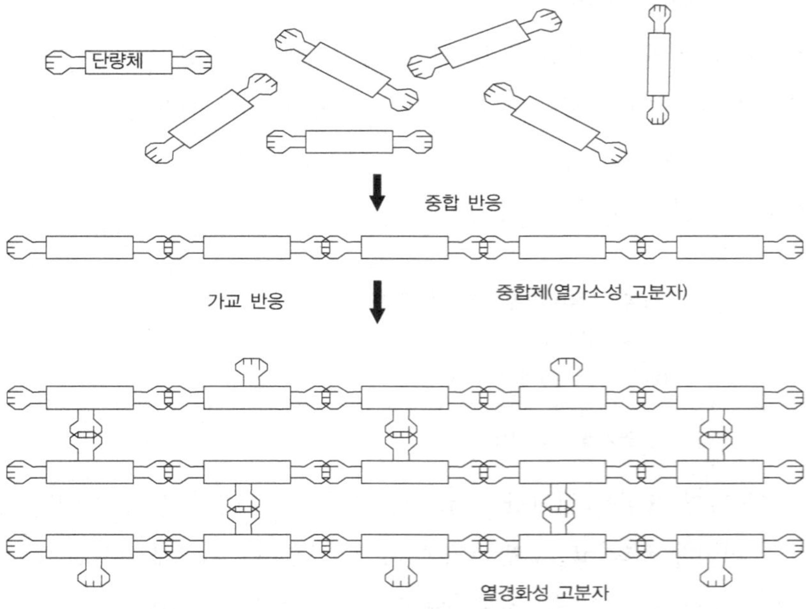

그림 4-2. 고분자가 만들어지는 과정

이렇게 긴 사슬 분자들이기 때문에 열을 가하면 녹아서 마음대로 그 형태를 변화시킬 수 있고, 그대로 식히면 변화시킨 형태가 유지되며, 다시 열을 가하여 녹이면 다시 변형시킬 수 있는데, 이것이 열가소성이란 성질이다. 이 성질은 매우 중요한 성질로서 고분자가 모든 재료의 왕이 된 핵심적 성질이다. 이 성질에 의하여 고분자를 아주 쉽게 싼값으로 가공, 성형할 수 있다. 그러나 열로 가공을 쉽게 할 수 있는 점이 장점인 동시에 내열성이 약하다는 단점도 된다. 이 단점이 개선된 고분자가 열경화성 고분자다. 열가소성 고분자는 분자 구조가 사슬 모양이지만 열경화성 고분자의 구조는 경화 후 그물 모양이 되어 매우 강도가 세고 내열성도 높아진다. 그러나 한번 경화된 이후에는 다시 녹일 수 없기 때문에 재활용에 문제가 있고 가공하기가 조금 어렵다.

옛날 세라믹 재료나 금속 재료로 만들었던 상품의 재료를 플라스틱으로 대체한 경우는 매우 많으나 그 반대의 경우는 많지 않다. 대부분의 유리병도 이제 플라스틱 병으로 대체되었고, 휴대용 소형 녹음기의 부품은 플라스틱 기어와 부품으로 대체되어 가볍고 견고하다. 옛날에는 벽돌과 시멘트, 나무만으로 집을 지었으나 이제는 플라스틱 건축재가 없으면 안 될 지경이 되었다. 플라스틱은 많은 장점이 있으나 특히 다음과 같은 성질이 있기 때문에 가장 널리 쓰이는 재료가 되었다.

① 값이 싸다(대량생산).

② 가볍다(금속, 세라믹의 $\frac{1}{7}$).

③ 물이 묻지 않고 썩지 않는다.

플라스틱은 우리 생활에 직결되어 있는 수없이 많은 분야에 쓰일 뿐 아니라 첨단 산업과 과학 분야에서도 그 진가를 발휘하고 있어서 지금의 우리 문화는 플라스틱을 빼고는 별로 남을 것이 없을 정도이다. 우리 인간은 고분자(인체)로 태어나서, 고분자(곡식과 고기)를 먹고, 고분자(옷감, 가죽)를 입고, 고분자(타이어)를 타고 다니고, 고분자(가방, 의자 등)를 이용하고 살다가, 고분자(관)에 넣어져 죽는다고 할 수 있을 정도로 고분자는 우리 생활 그 자체이다.

일반적으로 고분자는 내열성과 강도를 제외하고는 거의 결점이 없는 최고의 소재이다. 그래서 언급한 바와 같이 엄청난 양이 생산되고 점점 그 영역을 넓혀가고 있는 것이다. 대부분의 상품들이 초기에 나무나 금속, 또는 세라믹으로 만들어졌더라도 플라스틱으로 대체가 연구되고, 시도되며, 달성되어 온 것이 우리 인류의 발전 방향이었다. 플라스틱의 단점인 내열성과 강도도 그동안 괄목할 만큼 발전하여 우리는 많은 특수 엔지니어링 플라스틱과 고기능성 플라스틱을 갖게 되었다.

표 4-5. 소재들의 주요 물성 비교

	가격	무게	가공성	외관	촉감	내후성	독성	절연성	보온성	투명성	재생성	내열성	강도				
													표면	인장	압축	충격	탄성
금속	×	×	△	○	△	△	×	×	×	×	◎	○	◎	◎	○	◎	◎
세라믹	△	△	×	×	×	○	○	◎	◎	×	○	◎	○	○	◎	×	◎
나무	△	◎	×	△	○	×	◎	◎	◎	×	×	×	×	×	×	×	×
고분자	◎	◎	◎	◎	◎	◎	○	◎	◎	◎	○	×	×	△	×	△	×

◎ 우수 ○ 양호 △ 보통 × 미흡

3. 플라스틱은 정말 환경에 나쁜가?

플라스틱에 대한 일반인의 가장 큰 오해는 플라스틱이 가장 나쁜 공해물질이라는 인식이다. 플라스틱이 환경에 나쁜 영향을 준 것은 사실이지만 좋은 영향도 많았다. 편리하기 때문에 너무 많이 써서 공해의 주범같이 보이지만 플라스틱이 없었다면 종이나 나무, 금속을 써서 그것이 공해의 주범이 되었을 것이다. 플라스틱이 썩지 않기 때문에 공해를 일으킨다는 것도 뒤집어 보면 썩지 않기 때문에 안심하고 식품의 포장에 쓸 수 있었다. 플라스틱이 없었다면 더욱 많은 재료를 두껍고 무겁게 사용하여 식품을 포장해야 했을 것이다. 포장재로서 플라스틱은 대단히 장점이 많다. 물이 묻지 않고 기체 투과율이 낮아서 부패를 방지하는 식품의 포장에 아주 적합하다. 또한 어떤 재료도 갖지 못한 포장재로서의 장점은 투명하고 외관이 아름답고 가볍다는 것이다. 더구나 값이 싸고 대량생산이 용이하다. 플라스틱을 사용하지 않고 종이를 쓰면 곧바로 자연친화성이나 환경 보호형 재료가 되는 것으로 착각하는 사람이 많다. 그러나 플라스틱이나 종이를 생산하는 데 들어가는 원료와 공정상의 환경에 대한 영향도 평가해야 옳다.

표에서 보는 바와 같이 생산하는 데는 종이가 플라스틱보다 환경에 대한 오염이 더욱 심각하다. 더구나 식품이나 음료를 포장할 때 종이를 쓰는 경우 필연적으로 종이에 코팅하거나 플라스틱을 라미네이팅하는데 이것은 환경에 더욱 나쁜 영향을 미친다. 즉, 코팅이나 라미네이팅된 종이는 재활용이 거의 불가능하여 폐기물 처리의 관점에서도 순수한 플라스틱보다 오히려 더욱 나쁘다. 이제 폐기물의 처리는 자연적으로 썩게 하는 수동적 처리보다는 재활용을 하는 적극적 접근이 절실한 시대이다. 플라스틱의 재활용은 가장 연구가 활발한 분야 중의 하나이다.

플라스틱의 재활용은 플라스틱의 생산-소비 공정을 보면 잘 이해할 수 있다.

물론 가장 바람직한 플라스틱의 처리법은 물리적 재활용인데, 이것을 용이하게 하고 환경오염을 줄이기 위해 다음의 요건을 갖추도록 설계해야 한다.

① 되도록 열가소성 수지를 쓸 것
② 여러 종류를 조합하지 말 것
③ 라벨이나 부품은 분리가 용이할 것

표 4-6. 종이와 플라스틱의 생산시 환경오염도 비교표

분류	오염 항목	재료		
		폴리에틸렌	Craft지	종이 조합
에너지 소모량 (G Joule)	제조 공정	29	67	69
	재료 생산	38	29	29
	계	67	96	98
대기오염 배출량 (Kg)	SO_2	9.9	19.4	28.1
	NO_2	6.8	10.2	10.8
	CO	3.8	0.2	1.5
	유기물	1.0	3.0	6.4
	먼지	0.5	3.2	3.8
수질오염 (Kg)	COD	0.5	16.4	107.8
	BOD	0.02	9.2	43.1
	유기물	0.003	NA	NA
	페놀	0.000	NA	NA
	염소 유기 화합물	NA	NA	5.0

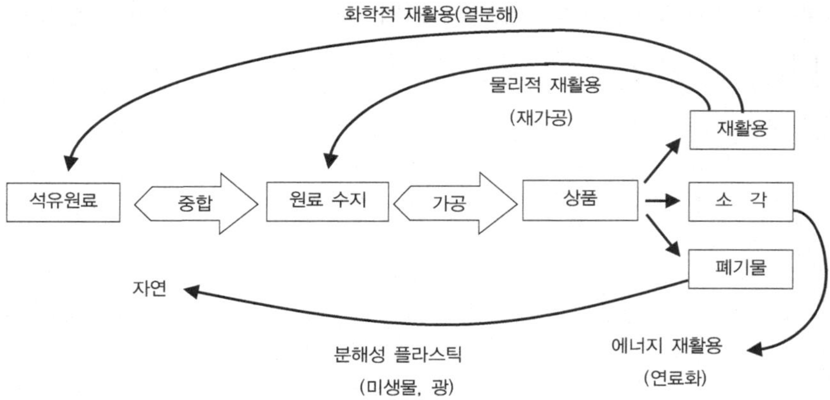

그림 4-3. 플라스틱의 자연 친화적 처리법

요즈음 플라스틱으로 된 용기나 장난감 등의 라벨을 보면 다음 그림과 같은 표시가 있는데 이것은 플라스틱의 재활용(재생)을 위하여 플라스틱 재료를 번호로 표기한 것이다. 7번은 기타, 즉 나머지 플라스틱을 뜻한다.

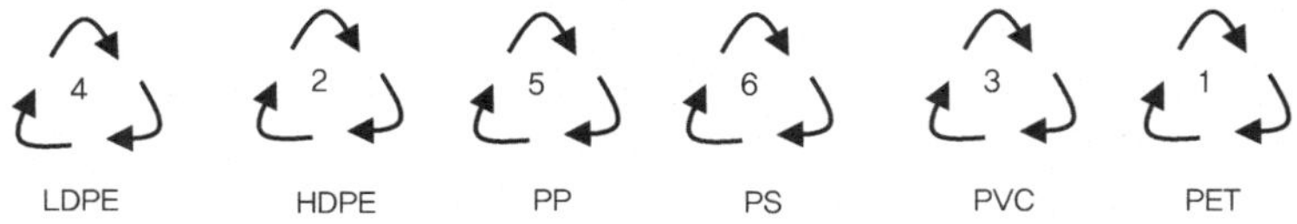

그림 4-4. 재활용을 위한 플라스틱 종류 표시

위의 재활용 표시 순서는 많이 쓰는 순서이다. 이 재활용 표시 번호를 외우는 좋은 방법을 여기 소개한다. 1부터 6까지 플라스틱 약어 중 자음 한 자씩만 뽑으면 다음과 같다.

1	2	3	4	5	6
PET	HDPE	PVC	LDPE	PP	PS
T	H	C	L	P	S

여기에 모음 e, i만 첨가하면 The Clips가 된다. 종이를 끼우는 클립

을 재활용 플라스틱으로 만들었다고 기억한다. 이 방법은 필자가 창작한 것이다.

4. 어떤 플라스틱들이 있는가?

플라스틱은 매우 종류가 많으나 우리가 생활 주변에서 많이 볼 수 있는 플라스틱은 한정되어 있다. 값싸고 널리 쓰는 플라스틱을 범용 플라스틱이라고 하는데 폴리에틸렌(PE), 폴리프로필렌(PP), 염화 비닐 수지(PVC), 스티렌 수지(PS)가 그것이다. 이들 네 가지가 전체 플라스틱 사용량의 60% 이상을 차지한다. 그밖에 꽤 많이 들어본 것으로서 PET, 나일론, 폴리에스터 등은 엔지니어링 플라스틱이라고 하며 강도와 내열성이 더 좋고 값이 비싸며 공업적으로 중요하게 사용한다.

이들은 모두 열가소성이며, 이 밖에도 열경화성 플라스틱이 있다. 열경화성은 공장의 생산 단계에서 한번 경화시킨 것인데, 그 후에는 다시 열을 가해 녹일 수 없는 아주 단단한 고강도 내열성 고분자이다. 전기 부품, 기계 부품 등 고강도나 내열성이 필요한 곳에 많이 쓴다. 에폭시, 페놀 수지 등이 이것이다. 그밖에 테프론(불소 수지), 실리콘(규소 수지) 등 특수 고분자가 있으며, FRP(fiber reinforced plastics)는 고분자를 근간으로 섬유를 보강재로 넣어 만든 복합 재료로서 강도가 매우 뛰어나서 소형 배, 비행기, 로켓트, 우주선, 전자 부품, 기계 부품, 전자 회로 기판, 욕조 등의 건축재 등으로 아주 널리 쓴다. 천연의 고분자도 매우 많은데, 나무는 셀룰로스라는 구조를 기본으로 하며, 곡식이나 야채들은 아밀로스 같은 다당류를 기본 구조로 한다. 우리 인간을 포함하여 동물들의 몸은 단백질이라는 폴리펩타이드 구조의 고분자이다.

합성 수지			
	열가소성		
		5대 범용 수지	
			LDPE 저밀도 폴리에틸렌
			HDPE 고밀도 폴리에틸렌
			PP 폴리프로필렌
			PS 폴리스티렌
			PVC 염화 비닐 수지
		범용 엔프라	
			Nylon 나일론(폴리아마이드)
			PET, PBT(방향족 폴리에스터)
			POM 폴리아세탈
			PC 폴리카보네이트
			PPO 폴리페닐렌옥사이드
			PMMA, PAN (아크릴 수지)
			ABS A-B-S 공중합체
		슈퍼 엔프라	
			PSF 폴리설폰
			PES 폴리에테르설폰
			PPS 폴리페닐렌설폰
			PAR 폴리아릴레이트
			PEEK 폴리에테르에테르케톤
			PI 폴리이마이드
			Aramide 아라마이드(LCP,Kevlar)
	열경화성		
			Phenol 페놀 수지[PF]
			Urea 요소 수지
			Melamine 멜라민 수지[PM]
			Epoxy 에폭시 수지
			PU 우레탄 수지
			UPE 불포화 폴리에스터
특수 수지			
			Silicon 실리콘 수지[Si]
			PTFE 불소 수지
변성 천연 수지		(셀룰로스계)	
			CN 나이트로 셀룰로스
			CA 아세틸 셀룰로스
			EC 에틸 셀룰로스
천연 수지			
		식물성	NR 천연고무
			Cotton 면
		동물성	Silk 비단
			Wool 양모

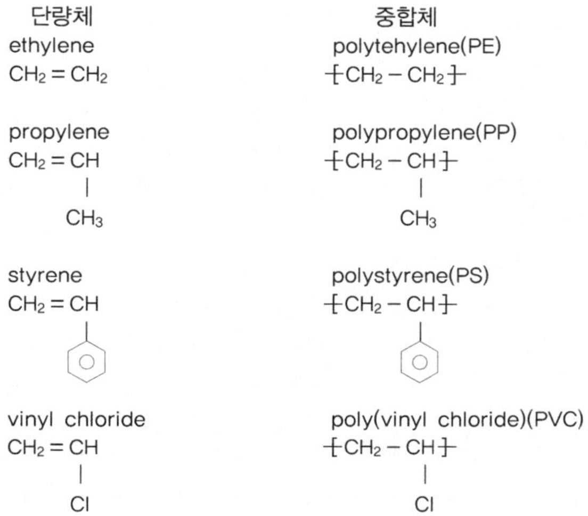

그림 4-5. 범용 고분자들의 구조

5. 어디에 얼마나 쓰는가?

모든 플라스틱, 나무, 단백질, 천연고무 등을 모두 통칭하여 고분자라고 하는데 고분자란 분자량이 크다는 뜻이다. 고분자 재료를 우리가 실제로 사용할 때의 형상은 매우 다양하다. 성형품, 관이나 막대, 필름이나 시트(sheet), 고무, 라텍스(latex)나 에멀션(emulsion)의 액상 고분자, 복합 재료, 발포체(foam) 등으로 사용한다. 그에 따라 재료와 가공법이 다 다르다.

플라스틱은 우리 생활에 직결되어 있는 수없이 많은 분야에 쓰일 뿐 아니라 첨단 산업과 과학 분야에서도 그 진가를 발휘하고 있어서 지금의 문화에 플라스틱을 빼고는 별로 남을 것이 없을 정도이다. 플라스틱의 생산량은 매년 괄목할만한 성장을 거듭해 왔다. 1994년에 제조된 플라스틱의 양은 360억불 어치나 만들어져서 800억불 상당의 생산품으로 판매되었다. 1976년에 이미 플라스틱의 생산량은 강철, 구리, 알루미늄을 합한 양보다 더 많은 양이 되었다.

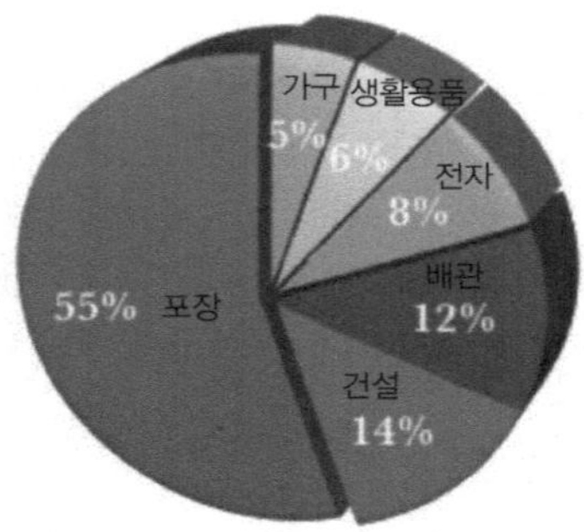

그림 4-6. 플라스틱의 용도(아세안 2004년 통계)

6. 플라스틱의 물성

세라믹 재료나 금속 재료로 만들었던 상품의 재료를 플라스틱으로 대체한 경우는 매우 많지만 그 반대의 경우는 많지 않다. 대부분의 유리병도 이제 플라스틱 병으로 대체되었고, 휴대용 소형 녹음기의 부품은 플라스틱 기어와 부품으로 대체되어 가볍고 견고하다. 옛날에는 벽돌과 시멘트, 나무만으로 집을 지었으나 이제는 플라스틱 건축재가 없으면 안 될 지경이 되었다. 플라스틱은 다음과 같은 성질이 있기 때문에 가장 널리 쓰이는 재료가 되었다.

플라스틱은 매우 종류가 다양하다. 각 플라스틱마다 그 특성도 다르다. 표 4-7에 대략의 특징을 정리하였다. 성형성이란 공장에서 최종 제품으로 만드는 데의 용이성을 말한다. 가공성은 2차 가공성을 말하며, 기계에서 성형된 플라스틱 제품에 인쇄하고 외관과 몇 가지의 기능을 위해 약간의 가공을 하는 용이성을 뜻한다. 크리프성이란 시간에 따른 강도를 말한다. 당장은 플라스틱에 손상을 주진 않을 정도의 약한 힘이라도 오래 힘이 가해지면 플라스틱은 손상을 입게 되며, 이런 성질을 크리프성이라고 한다. 가소성이란 가역적인 소성, 즉 외력을 가해 변형시키고 외력을 제거하면 그 변형이 유지되는 것을 소성이라고 하는데 그런 소성이 가역적인 성질을 말한다. 윤활성이 좋은 재료는 그리스를 칠하지 않고도

바퀴축이나 톱니바퀴로 사용할 수 있다. 내후성은 기후에 견디는 강도를 말하고, 내용제성은 용제(solvent)에 잘 안 녹고 사용할 수 있음을 뜻한다. 내열성과 열안정성은 비슷한 개념이나 내열성은 단기간의 열에 견디는 저항성을 이야기하고 열안정성은 열에 노출되었을 때 어느 정도의 시간은 견디어 사용하기에 문제가 없음을 가리킨다. 내한성은 낮은 온도에서도 기능이 떨어지지 않음을 나타내고, 치수 안정성은 온도가 낮아지고 높아짐에 따라 수축 팽창이 심하지 않아야 함을 나타낸다.

표 4-7. 플라스틱 물성 비교표

구분	특성 / 플라스틱	성형성	가공성	내충격성	강인성	내마모성	크리프성	가소성	윤활성	투명성	내후성	내용제성	내약품성	내열성	열안정성	내한성	내습성	치수안정성	저가격성
범용	PE	◎	△	◎		◎		○	○			○	○			◎	○		◎
	PP	◎	◎	○		○		○				○	○				○		◎
	PS	◎								◎							○	○	◎
	PVC	◎	○							○	○		○	○			○	○	◎
범용엔프라	Nylon	○	◎	○	◎	◎	○		○	△	○	○		○	○	○			
	PET	○	○	○	◎		○		○	◎		○			○	○	○	●	
	PBT	○	○	○	◎		○									◎		●	
	POM	○	◎	○	◎	◎	○	○	○			○	○		○				
	PC	◎	◎	◎	◎	◎	◎			○	○			○	○	○		○	
	PPO	○	◎	○	◎									○	○		○	○	
기타	PMMA	◎	◎							◎	◎							○	○
	ABS	◎	◎	◎	○					△							○	○	○
슈퍼엔프라	PSF		◎	○	◎		○			○			○	○	○	○	○	○	
	PPS				○		◎		○			○	○	○	◎		○	○	
	PAR	○	◎	○	◎		○	○		○				○	○	○	○	○	
	PI		○		○	◎	◎				○	○	○	◎	◎	◎		○	
열경화성	Phenol	◎	○			○	◎					○		○	○	○			◎
	Urea	◎				○	◎				○	○							◎
	Melamine	◎	○	○		○	◎				○	○	○	○	○	○		○	○
	Epoxy	○		○	●	○	◎	△		○	○	○	○		○	○		○	○
	PU	○	◎		○					○		○				◎	○		
	UPE	◎		●	●	○	●			○	●	○	○		○	○	○	○	○
특수	Silicone	○	○	○		○		◎		○	◎			○	◎	○		○	
	PTFE		○	○		◎		○	◎		◎	◎	◎	◎	◎	◎	○		
천연	CA	◎	◎	◎	◎			○		○	◎							○	○

◎ 우수 ○ 양호 △ 등급에 따라 우수 ● 충전제로 강화 가능

1. 비중

플라스틱은 거의 모든 재료들에 비해 가볍다. 가장 흔한 플라스틱인 폴리에틸렌은 물보다 가벼워 비중이 0.94~0.96 밖에 되지 않는다. 다른 플라스틱도 대개 비중이 1정도 밖에 되지 않으며, 금속이나 세라믹에 비해서는 무게가 $\frac{1}{7}$밖에 되지 않는다. 자동차의 금속 부품들을 플라스틱으로 대체하여 차체의 무게를 줄이면 연비가 좋아져서 경제적일 뿐 아니라 배기 가스도 적어져서 환경에도 좋다. 플라스틱은 그레이드별로 다양한 원료를 사용하며 가공시의 조건에 따라 그 물성이 달라진다.

2. 열적 성질

플라스틱은 도자기나 금속에 비해 열에 약한 재료지만, 이것이 꼭 단점만은 아니다. 플라스틱이 열에 잘 녹기 때문에 간단하며 빠르고 값싸게 대량 생산을 할 수 있는 것이다. 일반적으로 상온에서 고체인 물질들은 열을 가하면 어느 온도에서 물처럼 녹는다. 그것이 녹는점이다. 그러나 플라스틱은 녹는점에 도달하기 전에 유리 전이 온도(Tg, glass transition temperature)라는 전이 온도가 하나 더 있다. 플라스틱은 사슬 모양의 아주 큰 분자량의 물질이므로 전체 분자가 움직이는 녹는점 이전에 긴 사슬의 짧은 부분(segment)만 제한적으로 움직이는 온도가 있다. 유리 전이 온도 이상에서 플라스틱은 부드러우며 유리 전이 온도 이하에서는 딱딱하고 취약한 성질을 보인다. 유리 전이 온도가 낮을수록 부드러운 재료이며 높을수록 딱딱하고 취약한 재료이다.

3. 인화점과 발화점

내열성과는 달리 불이 잘 붙는 정도도 아주 중요한 재료의 물성이다. 인화점은 불꽃이 있을 때 불이 붙는 온도이며, 발화점은 불꽃 없이 온도만 높여서 발화하는 온도이다.

4. 기계적 강도

재료의 강도는 간단히 말할 수 없다. 강도에도 여러 가지가 있어서 인장 강도, 굽힘 강도, 압축 강도, 충격 강도, 표면 강도 등을 구분해야 한다. 인장 강도는 섬유로서 가장 중요한 물성인데 하중을 견디고 끊어지지 않는 강도를 말한다. 굽힘 강도는 선반이나 보에서 중요한 물성인데 휘지 않고 버티는 강도를 말한다. 압축 강도는 기둥이나 벽에서 중요한 강도인데 하중을 받치고 부서지지 않는 강도이다. 충격 강도는 순간적인 충격에 깨지거나 금이 가지 않는 강도를 말한다. 표면 강도는 경도라고도 하는데 흠이 잘 나지 않는 강도를 이야기한다. 신도는 연신율이라고도 하고 끊어지기 전까지 최대로 얼마나 늘어날 수 있는가이다. 이 값이 크면 부드럽고 작으면 딱딱한 재료이다.

5. 마찰 계수

플라스틱은 금속이나 세라믹에 비해 마찰 계수가 적어서 마모가 적고 자기 윤활성이 있어서 기름을 치지 않고 기어, 축 등 구동 장치를 만들 수 있다. 휴대용 녹음기의 내부를 보면 거의 모든 부품이 플라스틱으로 되어있는 것을 볼 수 있다. 특히 테프론이라고 부르는 불소 수지(PTFE)는 현존하는 모든 재료 중에서 마찰 계수가 가장 적다. 발수성도 아주 뛰어나서 음식이 붙지 않는 프라이팬도 이 성질을 응용한 것이다.

6. 내약품성

플라스틱은 금속처럼 잘 부식이 되지 않으므로 여러 가지 용도로 쓰이고 있다. 특히 공업용 관으로 많이 사용되며 가정용 호스도 거의 모두 플라스틱이다. 플라스틱으로 만든 용기나 관이 산이나 알칼리 용액에 얼마나 견디는가는 중요한 문제이다.

7. 플라스틱의 활용

플라스틱은 여러 형태로 사용된다. 금형 성형물, 섬유, 시트나 필름, 관이나 봉, 발포체, 고무 등으로 사용되는데, 각각 그에 맞는 물성이 필요하다.

1. 필름

플라스틱 필름은 상품의 포장이나 장식에 사용된다. 식품을 포장할

표 4-8. 플라스틱 필름들의 물성표

종류	단위	두께 μ	비중 g/cm^2	투명도 %	인장강도 kg/mm^2	인열강도 g.cm/cm	연신율 %	투습도 (a)	산소투과율 (b)	사용온도 ℃	녹는점 ℃
PE	LDPE	30	0.92	5-15	2.0	100	400	20	4000	-60-85	110
	HDPE	25	0.96	15-75	1.7-4.3	150	150	10	600	-80-110	150
PP	연신	25	0.91	2-2.5	26/14	10	145/50	5	1500	-50-120	170
	보통	25	0.90	2-3	25-40	100	200-400	8-12	2300	0-120	170
Cello-phan	보통	18	1.40	1-2	12-20	4	15-30	1000-2000	10-1000	-20-190	
	방습	18	1.44	1.5-3	8-18	4	15-90	30	70	-20-190	
PVC	연질	35	1.24-1.45	1.7	3-4		150-500	35-150	90-100	0-100	160-180
	경질	50	1.35-1.45	1-2	5	6	15-25	40	150	-20-100	160-180
PET		12	1.40	1.5	22/21	9-14	100/90	46	70-80	-70-150	260
PC		20	1.20	1.5	10	68-80	60-150	50-70	200	-100-140	220-240
Nylon	연신	25	1.15	1.9	23/22	15	85/65	180	40-50	-70-120	215

(a) cc/m^2.24hr.20℃ 65%RH, (b) g/m^2.24hr 40℃ 90%RH

때 기체의 투과율은 대단히 중요하다. 산소가 투과되는 필름으로 식품을 포장할 수 없다. 그러나 반창고는 산소를 투과하지 않으면 안 된다. 금붕어를 살 때 폴리에틸렌 봉지에 담아서 준다. 폴리에틸렌은 산소는 투과하지만 수분은 투과하지 않는다.

포장용 필름은 인장 강도, 인열 강도, 연신율, 투습도, 산소 투과율, 내열성 등이 중요한 요건이 된다. 특히 기체 투과율과 흡습성이 중요하여 특별한 재료들이 사용된다. 표 4-8에 식품 포장용으로 자주 쓰는 재료들의 물성을 표로 정리하였다.

2. 광학용 재료

투명한 재료는 많지 않다. 플라스틱을 제외하고는 유리만을 꼽을 수 있을 정도이다. 그러나 플라스틱은 투명한 것이 많이 있다. 잘 깨지는 유리에 비하여 충격강도가 강하고 가벼운 투명 플라스틱이 유리를 대체하고 있다. PS은 값이 싸기 때문에 장난감 카메라, 망원경, 돋보기 등의 렌즈나 포장용 투명 상자로 쓴다. 콘텍트 렌즈로는 PMMA를 사용한다. PMMA는 유리보다도 오히려 투명도가 높다. PC는 충격 강도가 특히 뛰

표. 4-9. 광학용 플라스틱들의 물성

	유리	PS	PVC	PC	PMMA
광선 투과율(%)	90-91	88-90	88	87-89	92-93
굴절율	1.42-1.92	1.59	1.55	1.59	1.49
Izod 충격 강도(kg.cm/cm)		1.4-2.8	3.0	80-100	2.2-2.8
Rockwell 경도(M scale)		65-90	80	70	80-100
열변형 온도(℃,18.5kg.cm/cm)	500-700	70-100	75-80	138-142	100
흡수율		0.1	0.05	0.4	2.0
선팽창 계수(×10-4/℃)		0.8	0.5-1.8	0.7	0.7
밀도	2.4-5.2	1.06	1.40	1.20	1.19

어난 투명 재료이기 때문에 신뢰도가 필요한 컴퓨터 정보 저장 디스크의 재료로 쓰인다.

3. 발포체

플라스틱은 발포체로도 사용한다. 우리가 흔히 스티로폼이라고 부르는 것도 폴리스티렌의 발포체다. 발포체는 밀도에 따라 매우 다양하며

표 4-10. 발포체들과 천연 절연체의 물성 비교

	재료 단위	기포	비중 g/cc	열전도율 kcal/mh ℃	내열 온도 ℃	인장 강도 kg/cm^2	굽힘 강도 kg/cm^2	압축 강도 kg/cm^2	흡수성	내약품	가연성
천연 절연체	규조토		0.46	0.093							
	석면		1.2-1.5	0.15-0.2							
	유리면		0.035	0.048							
	양모		0.18	0.048							
	콘크리트		2.27	1.10							
	기포유리	독립	3.2-6.4	0.056							
	코르크	연속	0.112	0.104							
발포 플라스틱	에틸렌	연속	0.04 0.08	0.03-0.035 0.035-0.045	70-80	4-7		0.1-0.3 0.5-1.0	극소	최대	탐
	경질PP 연질PP	연속	0.08 0.08		110	11 12	4 16	0.8 3.9			
	스티렌	독립	0.015 0.5 0.8	0.03 0.04 0.08	70	3-5 90-120 95-130	2 40-200 170-220		약간	약	흑연
	염화 비닐	연속 독립	0.05-0.2 0.03-0.1	0.02-0.035	60 70	0.8-15 3-30	3.2-25	2-20	적음	약	유독 가스
	ABS	독립	0.2 0.6-0.8	0.04 0.07	90	150-280	300-450	200-250			
	PU에테르 에스테르	연속	0.015-0.06 0.033	0.027-0.032 0.015	129-135 120-130	0.5-3.5 1.0-2.1		20-70 30-50	흡수	강	흑연
	페놀	연속	0.03 0.06 0.09	0.087 0.024 0.08	150	2.1 4.2	2.1-3.52 7.0-14.1	2.1-3.52 4.22-10.5 14.1-21.1			
	요소	연속	0.01 0.03	0.028 0.025	70	1.75		1.8			
	고무	연속	0.09	0.03	70	0.4		40			

용도도 다양하다. 고분자 가공 중에 열을 가하면 기체를 발생하는 물질(발포제)을 넣어서 발포체를 만든다. 보온, 단열, 절연, 방음, 완충, 미관 등을 위해 사용한다.

4. 관

플라스틱 관은 압출기(extruder)라는 가공 기계로 만든다. 녹인 플라스틱을 일정한 형태의 노즐을 통해 연속적으로 뽑아서 만든다.

표 4-11. 각종 플라스틱 관들의 물성

	물성	용도
PE	저온 특성 좋음, 강도는 약함, 무접착제 융착, 열화-피로 균열 경향	수도, 거설 배관, 냉동 배관
PP	고온 특성-강도 최고, 무접착제 융착, 자외선 열화 경향	온돌관, 화학 배관, 전해 공업
경질 PVC	내약품성-강도 양호, 접착 간단, 저온 취약	고온 배관(70℃)제외 모든 배관
연질 PVC	저강도, 가소성	가정용, 농업용, 토목용
내열 PVC	고온 특성 보강, 기존 방법으로 공사 가능	화학 배관, 전해 공업, 고온 배관
Nylon	경질 PVC와 비슷한 강도, 내유성-내열성 양호, 자외선 열화 경향	송유관
POM	내변형성 최고	특수관
PC	내충격성-내수성 양호, 솔벤트 균열 경향	
PMMA	투명, PVC 강도, 내충격성 약함	고온 배관, 투명관
ABS	내약품성-내수성 약함, 접착에 어려움	경질 PVC와 비슷
페놀 적층	흡수성 큼	고온 배관, 석관
에폭시	내열성 좋음	전해 공업
폴리에스터	내열 강도 양호	전해 공업
PTFE	내열성-내약품성 최고	흡입관, 내열부

8. 플라스틱 식별법

플라스틱은 너무 종류가 많고 복잡하여 전문가도 항상 데이터나 핸드북에서 자료를 봐야만 할 정도이다. 플라스틱이 정확히 어떤 종류인지 구별하는 일은 물론 많은 화학 측정 장치를 사용해야 가능하다. 적외선분광분석기(IR), 자외선분광분석기(UV), 핵자기공명분광분석기(NMR), 질량분석기(MASS), 겔투과크로마토그래피(GPC), 원소분석기(EA), 원자흡광분석기(AA), 막삼투압측정기(MO) 등을 사용한다. 하지만 이런 기기들은 매우 비싸고 높은 수준의 훈련을 받은 기술자가 필요하다. 다음 표에 간단히 플라스틱을 식별하는 방법을 정리하였다. 보통 가열해보고, 불 붙여보고, 손톱으로 긁어보는 정도로도 많은 정보를 얻을 수 있다.

표 4-12. 플라스틱 식별법

구분	플라스틱 종류	형상					투명	가열		연소시켜 본다							용해도								기타 (손톱으로 홈 나는가? 등)
		성형	필름	발포	섬유	고무		연화	녹는점 (℃)	연소	불꽃 제거	색과 모양 불꽃	색과 모양 상부	용융적하	연기	냄새	물	메타놀	아세톤	벤젠	톨루엔	m-크레졸	사염화탄소	포름산	
범용	PE	O	O	O	O		S	O	135-250	O	O					파라핀	X	X	H	H	H	X	X	X	
	PP	O	O		O		S	O	170-240	O	O	청	황			달콤한	X	X	X	X	X	X	X	X	홈 안 남,헌지
	PS	O	O	O			T	O	130-220	O	O	황			백	스티롤	X	X	O	O	O	X			금속성 소리
	PVC	O	O	O	O	O	T	O	80-160	X	X	황		O	녹	염산	X	X	X	X	X	X	X	X	구리선 불꽃 녹색
범용엔프라	Ny 6	O	O		O		C	O	240-380	X						과일	X	X	X	X	X	X	X	D	UV 비추면 파란빛
	Ny 66	O			O		C	O	240-380	X		청	황	O		양모	X	X	X	X	X	X	X	D	"
	POM	O				O	C	O	200-240	O	O			청		포르말린	X	X	X	X	X	X	X	X	불붙으면 안 꺼짐
	PC	O	O				T	O	250-300	X	X	녹	황		흑		X	X	X	X	X	X	O		튀면서 연소
	PPO	O					C	O	260-400	X	X						X	X	X	X	X	X		X	
기타	PMMA	O					T	O	150-220	O	O	청	황			아크릴	X	X	O	O			X		
	ABS	O		O			C	O	150-220	O	O	황		O	흑	스티롤	X	X	W	W	W	O	W		잘 안 부러짐
슈퍼	PAR	O	O				T	X		X	X					스티렌	X	X	X	X	X	O		D	
	PI	O	O				T	X		X	X						X	X	X	X	X	X	X		
열경화성	Phenol	O		O			T	X		X	X	황				페놀	X	X	X	X	X	X	X	D	
	Urea	O		O			T	X		X	X	황	청			포르말린	X	X	X	X	X	W	X	W	균열 경향(백화)
	Mela	O					T	X		X	X	황				요소	X	X	X	X	X	X	X	X	금속 소리,도기상
	Epoxy	O		O			T	X		X							X	X	X	X	X	X	X	D	
	PU			O		O	T	X		O					흑		X	X	X	X	X	X	X	D	
	UPE	O	O		O		T	X		O	O	황			흑	스티렌	X	X	X	X	X	D	X	X	FRP
특수	Slicone		O			O	T	X		O							X	X	X	X	X	X	X		유상
	PTFE	O	O		O		S	X		X	X						X	X	X	X	X	X	X	X	마찰 적음,실링
천연	CN	O	O				T	O		O	O	청	황				X	X	O				O		빛을 내며 잘 탐
	CA	O	O		O		T	O	150-250	O	O	황				초산	X	X	H	X	X	X	X	X	홈 생김,빛내고 탐
							T 투명 S 반투명 C 유백색										O 용해 X 불용 H 부분적 D 분해 W 백탁								

9. 기능성 고분자 신소재

고분자의 사용 양식은 섬유, 플라스틱 성형품, 고무, 접착제, 도료 등이지만 최근의 전자 공학이나 생명 공학에의 필요에 의하여 첨단 산업의 소재로서도 새로운 각광을 받고 있다. 예를 들면, 본래 플라스틱은 전기가 안 통하여 절연체로서 아주 긴요하게 써왔다. 그러나 이젠 전기가 통하는 전도성 고분자가 개발되어 전자 공학 등에 응용되고 있다. 또 플라스틱은 세균에 의하여 부패하지 않기 때문에 식품의 포장과 내후성이 필요한 곳에 폭넓게 사용하여 왔으나 이젠 거꾸로 잘 썩고 저절로 없어지는 분해성 고분자를 환경 보존용이나 의료용으로 사용하고 있다. 이같이 새로운 기능을 부여한 고분자 신소재(new polymer)의 개발이 많이 이루어지고 있는데, 분자 단계에서 정밀한 설계가 용이하기 때문에 이 같은 기능성 소재로의 발전 가능성은 무한하다고 볼 수 있다.

1. 자연 분해성 고분자

나무나 가죽 같은 천연 재료들은 대부분 곰팡이가 슬고 부패하여 자연적인 원소 순환계로 되돌아 갈 수 있기 때문에 식품의 포장이나 물이 묻으면 안 좋은 곳에는 사용하지 못한다. 반면 자연계에 존재하는 일반 곰팡이나 세균은 플라스틱을 부패시키지 못한다. 그러나 곰팡이에서 얻어지는 poly(hydroxy butyrate)라는 고분자는 일반 고분자와 물성이 비슷하면서도 6개월 정도면 땅 속에서 흔적도 없이 없어지는 자연 분해성을 갖고 있다. 이 고분자로 만든 필름으로 묘목의 뿌리를 흙, 비료, 물과 함께 싸서 포장을 하면, 그대로 수출하여 나무 심을 곳에 포장을 풀지 않고 그대로 묻어서 사막의 녹화 기술로 사용하기도 한다. 또 poly(lactide)라는 고분자는 분해성 수술 봉합사로 쓰며, 복잡한 수술을 간단하게 만들어 준다. 내장이나 혈관 수술 시 원래는 다음과 같은 복잡한 과정을 거치게 된다. 피부를 잘라내 내장이나 혈관을 꿰맨 다음 피부를 다시 꿰매고, 며칠 후 실밥을 뽑기 위해 피부를 다시 잘라 안의 실밥을 풀며 다시 겉의 피부를 꿰매고, 또 며칠 후에 실밥을 빼야 한다. 그러나 분해성 봉합사를 쓰면 한 번의 수술로 마칠 수 있다.

2. 고흡수성 재료

고분자는 역사 이래 여성들에게 아주 많은 기여를 해 왔다. 고탄력 스타킹과 스판텍스뿐 아니라 화장품과 생리대가 여성들의 생활을 편리하게 해 주었다. 생리대에는 고흡수성 고분자를 사용하는데, 재료 자신 무게의 1000배까지 물을 흡수하는 것도 개발되어 있어서 점점 더 콤팩트화하고 깨끗해졌다. 이젠 요실금 환자나 노인을 위한 어른용 기저귀도 보편화되고 있다. 고흡수성 재료와 비슷한 고흡유성 고분자는 강이나 바다에 기름이 유출되었을 때 기름을 제거, 회수하는 데에도 이용되고 있다.

3. 인공 장기

우리 신체의 일부가 망가졌다고 죽음을 그대로 맞이할 수는 없고, 그렇다고 아무것으로나 대체할 수는 없다. 외부의 물질이 우리 몸 안에 들어오면 거부하는 정교한 장치가 있다. 그래서 상처 난 곳에 피가 굳어

딱지가 생기며, 재채기, 알러지, 식중독을 일으키며 토해 내기도 한다. 인공 장기용 재료는 이러한 이종 단백질 인식 체계를 뛰어 넘는 특수한 구조로 만든다. 표 4-13에 인공 장기와 사용 고분자들을 정리하였다.

표 4-13. 인공 장기에 사용하는 대표적인 고분자들

인공 장기	사용하는 고분자
콘택트 렌즈	PMMA
이, 아말감	PMMA
식도	PE/rubber
심장	PU, silicone
폐	silicone, PP
신장	cellulose(체외), PE/PVA, PMMA
혈관	Dacron(polyester), Goretex(PTFE)
관절	ultra MW PE, silicone
뼈	fiber reinforced polyester
뼈 접착제	PMMA
힘줄	silicone

4. 광학용 고분자

플라스틱은 유리를 제외하고는 유일한 투명성 재료이다. 빛과 정보의 초고속 대용량 전달에 쓰는 광섬유로서 플라스틱은 가공성과 경제성이 매우 뛰어나다. 또한 분자 구조의 변환을 통해 여러 가지 광학 성질을 변환시켜서 광 스위치나 변조기나 광폭기를 만드는 연구가 한창이다. 현재 쓰는 레이저 디스크도 플라스틱을 이용한 기록 매체이다.

5. 전도성 고분자

본래 전기를 안 통하는 플라스틱은 아주 경제적이고 확실하게 전선의 피복 재료로 오랫동안 각광을 받아 왔다. 이제는 전기가 통하는 고분자가 개발되어 또 다른 첨단 영역을 넓혀 나가고 있다. 이미 전도성 고무는 저렴한 문자 단추를 갖춘 계산기, 리모콘, 기계 조작부, 컴퓨터 등에 널리 쓰고 있다. 그밖에 플라스틱 배터리로의 응용과 반도체로 응용되고 있다.

6. 감광성 수지

초고집적 반도체 기술의 핵심이 고분자 기술이라는 사실은 이것을 두고 말하는 것이다. 화학 반응 중에는 빛에 의해 진행하는 반응이 있다. 이런 감광성 구조를 고분자에 도입하여 빛을 받으면 가교 반응을 하여 불용화시키거나 반대로 분해하여 가용화시켜서 집적 회로를 형성시키는 데 쓴다. 복잡한 회로를 투명판 위에 인쇄(그래서 인쇄 회로 기판이라고 한다)해서 만든 마스크를 감광성 수지를 입힌 기판 위에 얹고 빛을 쪼이면 인쇄되지 않은 곳으로 빛이 들어가 밑의 수지를 가교 반응하여 불용화하며, 용제로 씻어 내면 마스크에 가렸던 부분은 다 씻겨 나가고 인쇄 회로와 반대된 그림이 남는다. 이것이 네거티브형 기판이다. 이런 원리로 아주 복잡하고 섬세한 회로 기판을 만든다. 이런 광반응을 이용한 광기록도 연구되고 있다.

7. Drug Delivery System & Microencapsulation

고분자를 의약의 효능을 극대화하기 위한 운반체로 사용한다. 모든 약은 어느 정도의 부작용이 있고 약의 용량을 많게 하면 극히 위험하기도 하다. 일정 시간 간격으로 약을 투여하게 됨은 피할 수 없다. 우리 몸에 약이 필요한 양이 100이라면 130정도 투여하고 점점 약의 혈중 농도가 떨어져 80 이하가 되면 다시 약을 투여할 것이다. 그러나 고분자를 이용하여 약을 투여하면 하루에 한 번 투여하고도 24시간 일정한 혈중 농도를 유지시킬 수 있다. 그의

한 예가 파스이다. 파스를 붙이면 파스의 약 성분이 장기간 일정량 만큼씩만 피부를 통하여 인체에 유입된다. 이렇게 하면 약의 부작용을 없앨 수 있고, 약을 낭비 없이 사용할 수 있을 뿐 아니라 약의 투여를 자주 하지 않아도 된다. 이런 기술 중에 마이크로캡슐화(microencapsulation)가 있는데 약을 고분자의 아주 작은 캡슐로 싸서 투입하면 캡슐의 표면을 통해 일정량이 유출하도록 조절이 가능하다. 이러한 원리는 농약에도 응용되어 생태계에 큰 부작용을 주지 않고 최소의 농약을 사용하는 저공해 농업으로 기여하기도 한다.

8. 이온 교환막

이온 교환막은 고분자 중에 이온을 띠게 만들어 가교시켜서 만든 막으로서 물질의 분리에 아주 긴요하게 쓴다. 물을 양이온 교환막과 음이온 교환막에 번갈아 통과시키면 초고순수가 얻어진다. 이 막을 써서 해수로부터 쉽게 식수를 얻기도 하며 인공 신장으로도 응용하고 있다. 폐수의 처리나 특정한 이온을 분리하는 데도 사용하며, 보통 금속은 양이온을 띠므로 중금속 흡착에도 응용한다.

9. 복합재료

복합재료는 근간이 고분자이며, 여기에 세라믹(유리, 보론), 금속(강철, 알루미늄 등), 고분자(케블라, 탄소) 섬유를 보강재로 복합화한 매우 강도가 뛰어난 재료이다. 강철보다 단단하고 물만큼 가벼워서 현재도 이미 소형 선박, 비행기, 우주선, 미사일, 방탄복, 방화복 등 첨단 분야뿐 아니라 스키, 낚시대, 테니스 라켓, 골프채, 욕조, 물탱크 등 생활 속에 깊숙이 활용하고 있다. 여기에 쓰는 고분자는 열경화성 수지로서 불포화 폴리에스터, 에폭시, 페놀 수지, 아크릴 수지 등을 사용한다.

10. 플라스틱 각론

■ 열가소성 플라스틱-범용 플라스틱

1. 폴리에틸렌

영국의 포셋(F.W.Fawcett)이 처음 만들었고, 1933년 ICI사가 처음으로 산업화하였다. 에틸렌 가스를 밀폐 반응탑에 넣은 후, 압력을 500기압 이상으로 하고 온도를 200도 이상으로 가열하면 촉매없이 폴리에틸렌을 만들 수 있다. 최근에도 많이 쓰이는 이 방법은 고압법이라고 하며, 이렇게 만든 폴리에틸렌은 부반응에 의한 가지가 많이 생겨서 저밀도 폴리에틸렌(LDPE)이 된다. 최근에는 촉매를 쓰며 낮은 온도와 낮은 압력에서 중합하여 가지가 적은 고밀도 폴리에틸렌(HDPE) 또한 생산되어 저밀도 폴리에틸렌에 못지 않게 널리 쓰고 있다.

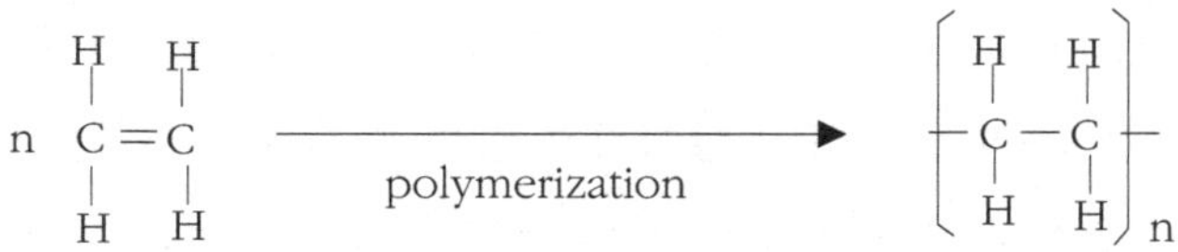

ethylene monomer　　polyethylene

폴리에틸렌은 값이 싸고 성형하기 쉬우며 내수성, 내약품성, 절연성이 좋고 유연하다. 또한 완전히 투명하지 않고 반투명이며, 결정화도에 따라 인장 강도는 70~400 kg/cm^2, 연신율은 800~50% 정도이다. 충격 강도는 2~100 kg-cm/cm, 로크웰 경도는 41~65 정도 된다. 열변형 온도는 저밀도가 4.6kg/cm^2 하중에서 40~50도, 고밀도가 88도 정도 된다. −20도까지는 물성을 잘 유지한다.

분자량을 높게 하면 극도로 강인한 플라스틱이 되어 내마모성이 좋아 플라스틱 망치, 전기 절연 부품, 스핀들 등에 사용한다. 일반 저밀도 폴리에틸렌은 용기, 특히 식품 용기, 포장용 방수필름, 병 등으로 널리 사용한다.

2. 폴리프로필렌

프로필렌도 에틸렌과 마찬가지로 석유 분해 원료인 프로필렌 가스를 중합하여 만든다.

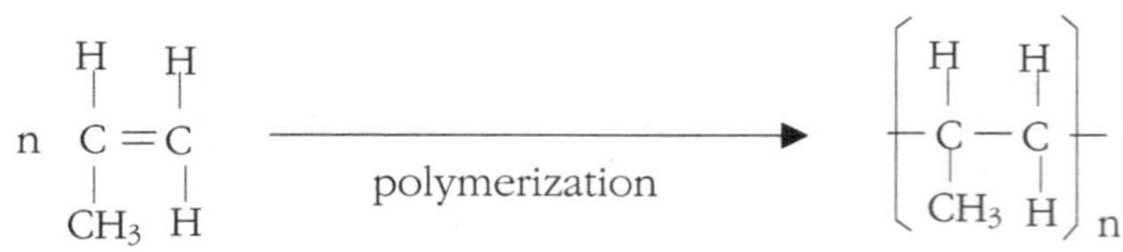

propylene monomer polypropylene

열변형 온도가 90~110도에 이르고, 힌지 특성이 있다. 힌지 특성이란 여러 번 같은 자리를 굽혀도 끊어지지 않는 성질로서 일체형 플라스틱 경첩으로 이용한다. 비중은 0.9~0.92 정도로 가장 가벼운 플라스틱이지만, 폴리에틸렌보다 투명성과 강도와 내열성이 더 좋다. 내한성은 안 좋지만 내마모성도 좋고 표면 강도가 강하다. 성형하기도 아주 좋고 가격도 싸다.

힌지 효과를 응용한 일체형 상자, 약품 용기, 포장 필름, 섬유 등으로 사용한다.

3. 폴리스티렌

에틸렌과 벤젠을 반응시켜서 만든 스티렌이라는 원료를 과산화벤조일 등을 촉매로 90도 정도에서 라디칼 중합하여 만든다.

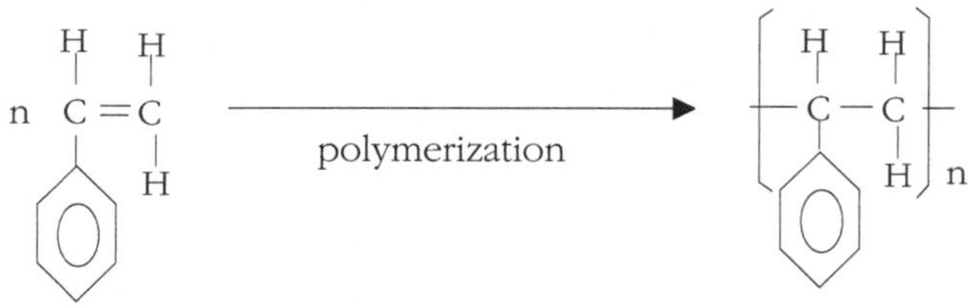

styrene monomer　　　　polystyrene

폴리스티렌은 비정질 고분자로서 사출 성형성이 좋고 열안정성이 좋다. 투명하고 강도가 좋고 값이 싸므로 각종 일회용품, 컵, 용기, 생활용품, 사무용품, 완구 등으로 사용한다. 취약성이 문제였으나 현재는 내충격성을 향상시킨 HIPS(High Impact Poly Styrene)를 전기, 전자, 기계 제품의 하우징으로 많이 사용하고 있다. 광택도 좋고 착색이 아름답게 된다. 발포체인 스티로폼은 방음, 방온제로 널리 사용한다.

4. 염화 비닐 수지(PVC)

에틸렌과 염소를 반응시켜 만든 염화 비닐 단량체를 중합시켜서 만든다.

vinyl chloride monomer　　　　poly(vinyl chloride)

원래의 수지는 경질이며 충격 강도에도 약하다. 그러나 가소제를 첨가하면 연질이 되어 사용의 폭이 대단히 넓어진다. 그러나 첨가된 저분자량의 가소제가 방출되거나 강산성의 염화 수소가 방출되어 환경에 대한 악영향이 있다고 알려져서 점차 그 사용이 억제되어가는 추세이다. 특히 플라스틱 폐기물을 소각할 때 이 수지를 포함하고 있으면 염화 수소 가스가 방출되어 소각로를 부식시키고 대기를 오염시키므로 재활용의 측면에서도 사용을 자제하는 재료이다.

■ 엔지니어링 플라스틱

5. poly(ethylen terephthalate): PET

에스터(COO) 결합을 주 구조로 하는 폴리에스터의 한 종류로서 테레프탈산과 에틸렌 글리콜을 중축합시켜서 만든다.

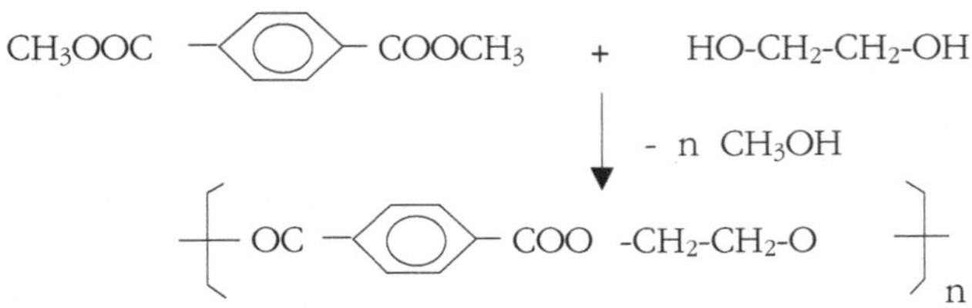

강도와 치수 안정성이 좋아서 기계, 전자, 녹음 테이프용 필름, 섬유 등으로 널리 사용한다. 기체 압력을 견뎌야 하는 콜라 등의 음료수 병으

로도 많이 사용하고 있다. 유리 섬유를 보강재로 사용한 복합 재료는 강도가 극히 뛰어나 산업용으로도 중요한 엔지니어링 플라스틱이다.

6. 아크릴 수지

아크릴계 수지에는 치환체의 종류에 따라 아크릴산 에스터, 아크릴산 메틸 에스터, 메타크릴산 메틸 에스터 등이 있다.

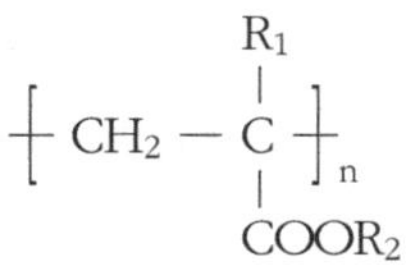

	R_1	R_2
아크릴산 에스터	H	H
아크릴산 메틸 에스터	H	CH_3
메타크릴산 메틸 에스터	CH_3	CH_3

무색투명하고 미려하며 인장 강도와 충격 강도에 모두 강하다. 열변형 온도는 70~110도이며 열가공해도 백화나 크레이징이 생기지 않는다. 내약품성이 좋아 산, 알칼리에 강하며, 아세톤, 메틸 에틸 케톤, 염소 함유 용제에 녹는다. 햇빛, 비바람에 강하여 야외용으로 많이 사용하며, 용융 점도가 높고 수지 흐름성이 낮아 성형이 어렵다. 광학적, 미술적 용도에 많이 사용하며, 렌즈, 조명 커버, 방풍 커버, 고급 식기, 야외 간판 계기판 커버 등에도 사용한다.

7. 아세탈 수지

듀퐁사의 폴리폼알데하이드인 델린과 셀라네즈사의 에틸렌옥사이드 공중합체인 듀라콘이 있다.

유백색으로 불투명하며, 인장 강도, 굽힘 강도, 내마모성, 탄성률 등 기계적 강도가 극히 우수하다. 흡습성이 작고(0.22~0.25%). 열변형 온도는 4.6kg/m^2 하중에서 158~170도이다. 기어, 베어링, 캠, 스핀들, 멘드렐, 스프링 등 기계 전지 부품에 응용한다.

8. 폴리카보에이트

비스페놀-A와 포스겐 가스($COCl_2$)를 반응시켜서 만든다.

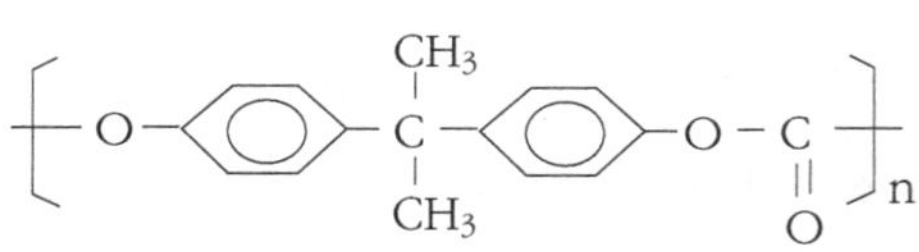

결정성이 높고 투명성이 좋으며 빛투과율이 높다. 내열성과 기계적 강도가 높으나 반복 하중에 대한 강도 저하가 크다. 흡수율은 매우 낮다(0.1-0.4%). 염소 함유 용제나 강산, 강알칼리에 약하다. 렌즈, 모터 커버, 보안모, 전화 박스, 컴퓨터 CD, 범퍼, 전조등에 사용한다.

9. 나일론

$$\left[NH\text{-}(CH_2)_m\text{-}NH - CO\text{-}(CH_2)_{n\text{-}2}\text{-}CO \right]$$

지방족 폴리아마이드라고도 부르며, −NHCO−를 포함하는 엔지니어링 플라스틱이다. 나일론은 뒤에 숫자를 붙여서 종류를 구분하는데 나일론 6이면 구조식의 m이 5이다. 이것을 폴리카프로락탐이라고도 부른다. 이 숫자가 클수록 부드럽고 질긴 성질을 갖는다. 나일론은 불투명하고 유백색이다. 강도가 뛰어나고 특히 내마모성이 극히 좋아서 기어나 베어링으로 많이 사용한다. 내약품성도 강하여 황산 이외에는 거의 녹지 않는다. 한 가지 단점은 흡수율이 높아서 1.3~2% 정도이며 수분을 흡수한 채로 성형하면 강도 저하나 치수 변형이 일어난다. 기어, 베어링, 캠, 스핀들, 호스, 고강도 섬유, 필름 등에 사용한다. 나일론 뒤에 숫자가 둘일 경우도 있다. Nylon 66은 앞의 구조에서 m=6, n=6인 고분자이다. Nylon 610은 m=6, n=10인 경우이다. 즉, 나일론의 앞 숫자는 아민 부분의 탄소수이고 뒷 숫자는 이가산(diacid)의 탄소수이다.

■ 열경화성 플라스틱

10. 페놀 수지

1909년 베크렌드(L. Hendrik Backeland)가 페놀과 폼알데하이드로 만든 최초의 열경화성 수지이다. 충진하는 첨가제에 따라 다양한 성질이 나온다. 산에는 강하나 알칼리에는 약하다. 300도가 넘으면 열분해를 일으킨다. 내열성과 탄성율과 표면 경도가 좋다. 전기 절연성이 좋고 가격이 저렴하다. 주방용품, 기계 전기 부품에 사용한다. 또 종이에 함침하여 절연기재로, 도료와 접착제로도 사용한다.

11. 요소 수지

요소(유레아, urea)와 폼알데하이드(포르말린, formalin)를 반응시켜 만든 무색투명한 열경화성 수지이다. 80% 이상을 합판용 접착제로 쓴다. 그밖에는 섬유나 종이 보강제, 도료, 식기, 완구, 스위치 등 성형재로 쓴다.

12. 멜라민 수지

멜라민과 포르말린을 반응시켜 만든 무색투명한 열경화성 수지이다. 표면경도, 내약품성, 내수성, 내열성, 절연성이 우수하다. 가격은 비싸지만 접착 성능이 좋고 내수성과 내구성이 좋아 야외용이나 선박용 합판 제조용 접착제, 금속장식용 고온 도료, 섬유와 종이 보강제, 식기, 전기 소켓, 코넥터, 세탁기 회전 날개 등에 사용한다. 설렁탕집에서 사용하는 도가니 그릇은 도자기처럼 보이나 플라스틱인 것도 많이 있다. 뜨거워도 잘 견디는 이 그릇들도 멜라민 수지로 만든다.

13. 우레탄 수지

아이이소사이아네이트(isocyanate)와 수산기와의 반응에 의하여 만들어지는 수지로서 강인하고 내마모성이 좋으며 고무탄성이 있어서 탄성체, 발포체, 도료, 접착제, 탄성 섬유, 합성 피혁 등에 널리 사용한다. 발포 우레탄 수지는 반발 탄성과 반복 압축 강도가 좋아 쿠션, 매트리스 재료로 널리 사용한다. 포장재나 흡음재, 신발 밑창, 에어필터 등으로 사용한다. 탄성체로는 다른 고무에 비해 강도, 내마모성, 내후성이 좋아서 타이어, 벨트, 스노우모빌, 박킹, 스키화 등으로 사용하며 고온 특성은 약하다. 가방, 구두 등의 인조 피혁으로도 사용하며 광택, 내마모성, 내후성이 좋다. 도료와 접착제로도 사용한다.

14. 불포화 폴리에스터

주재와 경화제를 섞어서 도료, 접착제, 복합 재료 등으로 사용한다. 경화 조건은 상온형과 고온형(90-130도)이 있다. 주재와 경화제의 조합에 따라 매우 다양한 종류와 물성이 존재한다. 일반적으로 유리 섬유와 복합 재료로 성형하는데, 강도가 아주 뛰어나서 대형 탱크, 선박, 욕조 등을 만든다.

15. 에폭시 수지

비스페놀-A와 에피클로로히드린을 반응시켜서 만든 에폭시 올리고머를 아민 경화제를 사용하여 경화한다. 마그네슘이나 알루미늄 등 경금속용 접착제로 좋은 접착 성능을 나타낸다. 플라스틱, 나무, 도자기, 금속, 고무 등 접착 분야가 대단히 넓다. 도료로도 대단히 중요하다. 도막이 극히 강인하다. 강도가 뛰어나서 성형재로도 많이 사용한다. 내마모성이 좋아서 기계 부품으로 쓰며, 유리 섬유를 보강재로 쓰면 아주 강한 복합 재료로서 전기 기계 부품으로 많이 사용한다.

■ 특수 수지

16. 실리콘 수지

탄소가 아닌 규소가 주원소인 무기 고분자이다. 규소만의 주사슬을 가진 실란계와 규소-산소 주사슬의 실록산계가 있다. 내열성과 내한성이 대단히 우수하여 극한용 고온용 고무, 고온용 박킹 등으로 사용한다. 내후성이 좋고 햇빛과 오존에 잘 견딘다. 이형성이 좋아 금형이형제로 쓴다. 발수성이 좋다.

17. 불소 수지

폴리에틸렌의 수소를 모두 불소로 치환한 고분자로서 보통 테프론이라는 상품명으로 부른다. 발수성, 절연성, 내열성(288도), 내약품성이 극히 높고 마찰 계수가 모든 물질 중 가장 낮다. 열변형 온도가 200도에 달한다. 내한성도 −100도에 이른다. 가격이 비싸고 성형하기가 힘들다. 내약품성과 발수성을 응용하여 박킹재와 프라잉팬의 바닥 코팅재로 사용한다. 마찰이 적은 점을 이용하여 기어나 베어링을 만든다.

■ 천연계 수지

18. 나이트로 셀룰로스

열가소성 수지 중 가장 역사가 오랜 수지로서 1901년에 미국의 존 아이야트가 발명하였다. 나무의 펄프에서 얻은 셀룰로스에 질산을 처리하여 만든다. 펄프와는 달리 성형이 가능하므로 필름, 안경태, 완구 등을 만들었다. 그러나 가연성이 심하여 점차 아세틸 셀룰로스로 대체되었다.

19. 아세틸 셀룰로스

나무의 펄프에서 얻는 셀룰로스에 초산을 처리하여 만든다. 나이트로 셀룰로스가 가연성인데 비하여 잘 타지 않아 더욱 널리 사용하게 되었다. 무색투명하며 착색도 잘 된다. 강도가 좋으며 특히 충격 강도가 높다. 흡습성이 높은 것이 흠이다. 섬유 재료로서 완전 화학섬유보다는 피부 촉감이 좋아 많이 사용한다. 아세테이트 섬유가 이것이다. 선풍기의 날개, 필통, 핸들에도 사용하고 불연성이어서 영화 필름으로도 사용한다.

20. 에틸 셀룰로스

셀룰로스를 알칼리에 용해하고 염화 에틸을 반응시켜서 만든다. 강도는 아세틸 셀룰로스와 비슷하나 흡습성이 적어서 전기 부품, 호스, 관 필기구 등을 만드는 데 쓴다.

21. 천연고무

고무나무에 흠을 내어 모은 수액에 유황을 넣고 응고시켜 가황고무를 만든다. 가황의 정도에 따라 탄성체부터 경질 재료까지 얻는다. 연화 온도는 130도 정도이고 200도 정도에서 분해한다. 내유성이 약하며 햇빛이나 오존에 의해서도 분해와 열화가 진행된다. 타이어, 바캉, 절연 피복, 구두창, 접착제 등으로 사용한다.

Chapter 05

복합 재료

최첨단 초경량 무인 정찰기는 고분자 복합 재료로 만든다.

1. 복합 재료란?

복합 재료(composite)란 순수한 수지의 강도와 내열성을 보강(reinforce)하기 위해 수지 매트릭스(matrix)에 섬유나 입자를 충전제(filler)로 첨가한 재료를 말한다. 매트릭스로는 열경화성을 주로 쓰지만 열가소성 수지도 사용한다. 충전제로는 단섬유, 장섬유, 연속 섬유의 섬유, 또는 운모(mica), 금속 분말 등의 입자를 넣는다. 가장 흔히 사용하는 충전제로는 유리 섬유를 들수 있으며 탄소 섬유나 케블라 섬유나 보론 섬유도 채용하고 있다.

섬유로 강화된 복합 재료는 1950년대부터 우주 항공 분야를 위시한 여러 첨단 분야에서 폭넓게 응용하여 왔다. 복합 재료는 자연계에서 그 원리를 차용한 것으로 나무가 그 대표적 예이다. 나무를 이루고 있는 탄수화물은 그 자체로서 강도는 충분하지 않지만, 가벼우면서도 큰 강도는 그 독특한 섬유 강화 복합 구조에서 기인한다. 그 밖에도 거미 줄, 연체 동물의 껍질 등에서도 섬유 강화의 구조를 볼 수 있다. 현재는 우주 항공, 방위산업, 의료 보건, 스포츠, 건설 등의 분야에 없어서는 안 될 재료가 되었다.

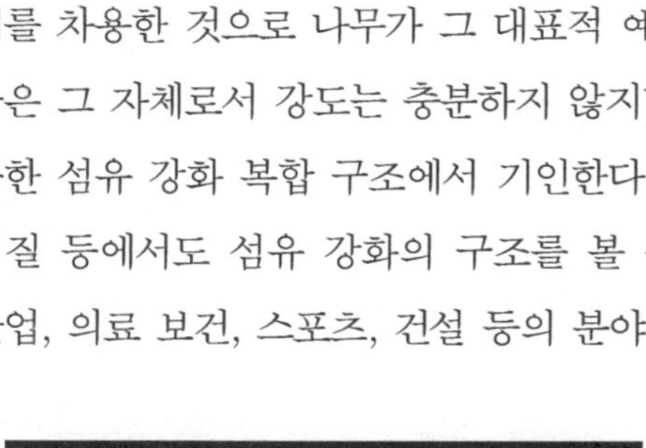

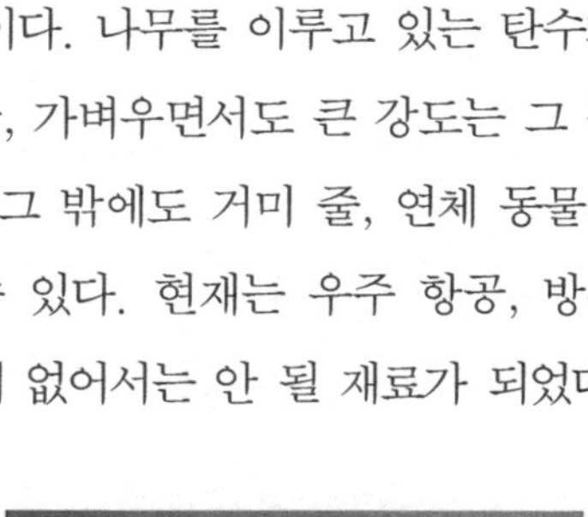

그림 5-1. 복합 재료의 사용 예

2. 복합 재료의 기본 구조

복합재료의 기본 구조는 아래 그림과 같이 매트릭스(모재)와 강화재(reinforcement or filler)로 되어 있다. 고분자로 이루어진 모재가 강화재의 부착력과 형태를 이루어 주고 강화재에 의하여 구조 강화 효과가 더해져 특수한 강도가 나온다.

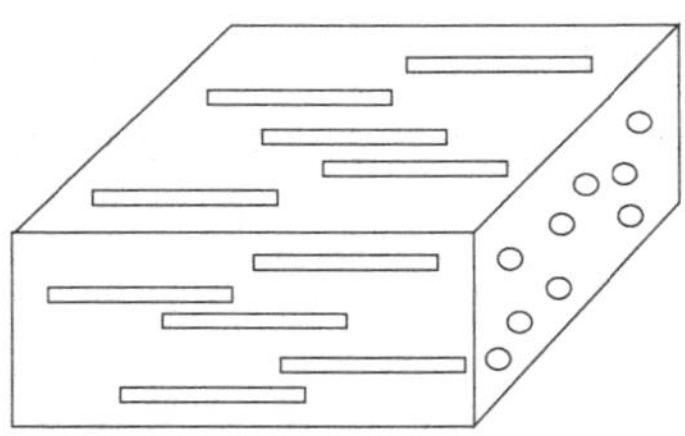

그림 5-2. 복합 재료의 구조

* 모재(matrix)

복합 재료의 부피를 이루고 접착제 역할을 하는 고분자

* 강화재(reinforcement)

구조 강화 효과를 주는 첨가물, 보통 섬유상, 입자상, 플레이크상

복합 재료에서는 강화재의 **강도 + 모재의 가공 용이성**이 매우 중요하다. 구조 강화 효과를 무시하고 생각한다면 두 물체를 섞은 전체 물체

의 강도는 다음 식에 의할 것이다.

일반재료의 혼합 법칙

복합재의 밀도= (강화재 밀도×함량) + (모재 밀도×함량)

복합재 탄성률= (강화재 탄성률×함량) + (모재 탄성률×함량)

그러나 실제 복합 재료의 강도는 이 법칙을 훨씬 뛰어넘는 값을 나타낸다. 그것은 **구조에 의한 강화 효과** 때문이다. 다음 표에 열가소성 수지와 유리 섬유로 강화한 열경화 수지의 강도를 정리하였다.

표 5-1. 열가소성 수지들의 강도와 그 유리 섬유 복합 재료의 강도 향상

수지	유리 섬유	비중	인장 강도 (kgf/mm^2)	연신율 (%)	굽힘 강도 (kgf/mm^2)	Izod 충격강도 ($kgf.mm/mm^2$)	열변형 온도 (℃)
PE	-	0.96	3.9	800	3.0	8.0	47
	20%	1.10	4.6	3	5.6	0.9	127
PP	-	0.91	3.9	300	4.5	3.0	60
	20%	1.04	5.6	3.2	7.0	1.5	139
PS	-	1.05	7.0	2	7.5	0.15	75
	30%	1.29	9.8	1	12.0	1.07	104
Nylon	-	1.13	8.9	250		2.0	70
	30%	1.37	14.8	2	19.0	1.29	216
PET	-	1.4	6.0	200			
	30%	1.6	15.5	4	20.0	1.1	242
POM	-	1.42	7.0	30	10.0	1.0	124
	20%	1.55	7.4	2.3	10.5	1.2	163
PC	-	1.2	7.5	70	9.5	6.0	130
	20%	1.34	12.0	3	13.0	1.1	143

표 5-2. 열경화성 수지 복합 재료들의 물성

수지	강화 섬유		섬유 함량 (%)	비중	인장 강도 (kgf/mm^2)	인장 탄성율 (kgf/mm^2)	굽힘 강도 (kgf/mm^2)
	종류	상태					
불포화 폴리에스터	유리 섬유	단섬유매트	26	1.7	10-16	950-1,270	18-27
			40		9.8	850	18
		부직포	67		31.7	2,220	36.3
에폭시	유리 섬유	부직포	73	1.8	39.7	3,120	62.3
		연속	83.5		129	5,440	122
	탄소 섬유	연속	60	1.8	74	15,400	53
페놀	유리 섬유	부직포		1.9	15-20	14.5	
듀랄루민				2.8	38-44	13.6-15.5	
알루미늄				2.7	7-11	2.6-4.1	
철강				7.8	58-70	7.4-8.9	
하드우드				1.3	19-20	14.3-14.6	

3. 복합 재료의 종류

복합 재료는 여러 가지 형태로 만들어지는데, 강화재의 형상에 따라 크게 다음 네 가지로 나눌 수 있다.

1. 구조에 따라

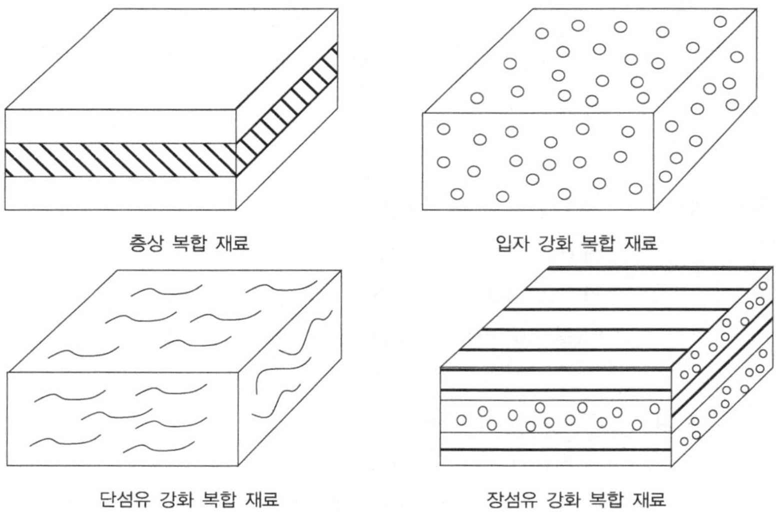

그림 5-3. 복합 재료의 종류(구조에 따라)

장섬유 복합 재료는 일반적으로 여러 가지 형태의 직조 매트(woven mat)를 사용한다. 또한 적층 복합 재료는 합판이 대표적 제품이며, 적층

판의 배합에 따라 다시 또 몇 가지로 나눌 수 있다.

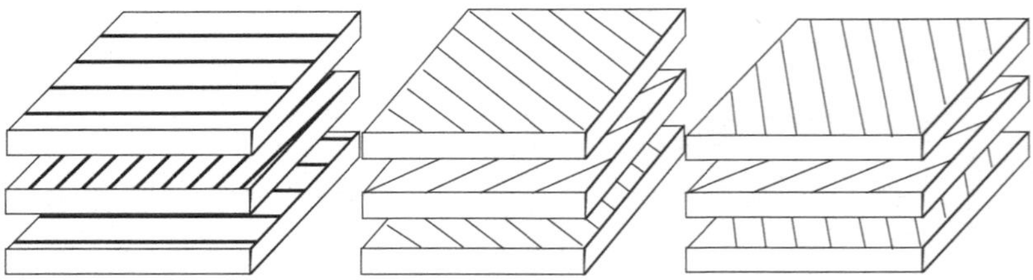

그림 5-4. 복합재료 적층의 종류

2. 모재에 따라

복합 재료는 모재에 따라 역시 여러 가지가 있으며 가장 많이 사용하는 모재는 불포화 폴리에스터이며 값이 싸고 용용도가 높아 매우 폭넓게 사용된다.

- 열경화성 UPE(불포화 폴리에스터)
  Epoxy(에폭시(비스페놀-A))
  Phenol(페놀)수지 260도 이상 고온 사용
  PI(폴리이마이드) 300도 이상 고온 사용

- 열가소성 PSF(polysulfone)
  PES(polyethersulfone)
  PPS(poly(phenylene sulfide))
  PEEK(poly(ether ether ketone)

3. 강화 재료에 따라

복합 재료에 사용되는 강화재(충전제)는 매우 다양하며 크게 입자형과 섬유형으로 나눈다. 입자형은 가공하기가 쉽고 대량생산 체제를 갖출 수 있는 장점이 있는 반면 강도는 떨어져, 높은 강도가 필요한 경우는 대개 섬유 강화를 사용한다. 또 그 섬유도 매우 다양한데, 유리 섬유가 강도도 좋으며 값이 싸서 많이 사용한다. 또한 강도가 제일 높으므로 많이 사용하는 장섬유 복합 재료는 직조 매트를 사용하는데, 직조된 형태도 다양하다.

입자 강화	미립자	paricle
	플레이크	flake
섬유 강화	단섬유	chopped fiber
	장섬유	textile mat
	연속 섬유	filament winding

- 섬유의 종류

유리 섬유	S-glass, E-glass
탄소 섬유	pich계, Pan계(polyacrylonitrile)
케블라 섬유	Aramide(aromatic polyamide)
보론 섬유	고가, 가공 난이
실리콘 카바이드	항공우주

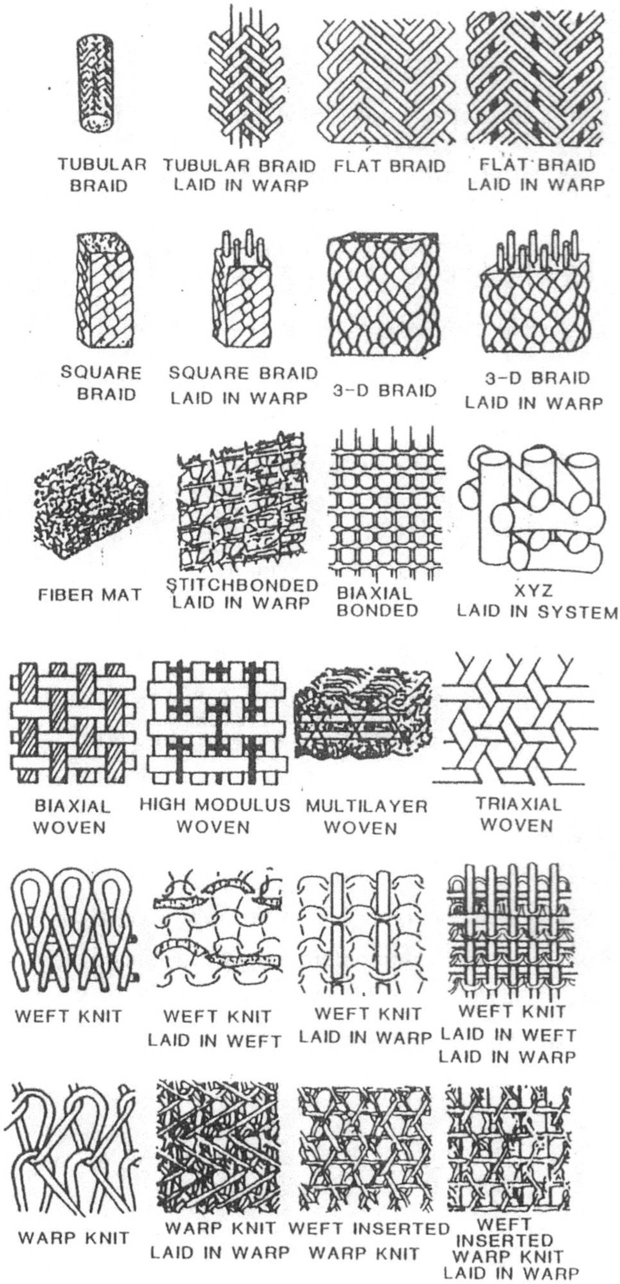

그림 5-5. 2차원 3차원 직조의 종류

4. 가공 방법

보통 복합 재료는 제품의 형상을 갖춘 틀에 섬유 강화 직조 매트를 놓고 고분자(보통 열경화성) 매트릭스를 함침시킨 후 적당한 열을 가해 경화 반응시켜 만든다. 가끔 가압이나 진공을 도입하기도 한다. 더욱 간단히 사용하는 방법으로 프레프레그를 사용하는데, 프레프레그는 직조 매트에 고분자 매트릭스를 미리 함침시켜 반경화시켜 놓은 것을 말하며, 이것을 틀에 넣고 가압 · 가열하여 제품을 만든다.

1. Open molding

틀이 하나만 있고 그 표면 위에 직조 매트(textile)나 프레프레그(prepreg)를 얹어서 성형하는 방법이다. 직조 매트는 수작업으로 또는 자동으로 놓여질 수 있다. 매트릭스는 보통 압착 롤러(pressure roller, hand layup)나 스프레이(spray layup)를 사용하여 도포된다. 일반적으로는 상온 · 상압에서 경화한다.

2. Vacuum bag molding

상하 틀을 사용하며, 보통 아래틀은 딱딱한 틀이고 위틀은 실리콘이나 플라스틱(나일론 등)으로 된 유연한 틀을 사용한다. 프레프레그를 사용하며 일반적으로 고온 중에 진공을 걸어 아래틀의 형태에 맞춰 성형된다.

3. Pressure bag molding

딱딱한 아래틀에 프레프레그를 놓고 유연한 틀을 덮어 그 위에서 압력을 가하며 고온 중에 성형된다.

4. Autoclave molding

양틀(two-side mold)을 사용하며, 아래틀은 딱딱하고 위틀은 유연하며, 진공을 걸은 가압반응기(autoclave) 안에 넣고 성형시킨다. 이 방법은 최대의 섬유고충진율과 최대 효율, 강도를 보장할 수 있는 방법이나 전 제품을 넣을 수 있는 대형의 가압 반응기가 필요하다.

5. Resin transfer molding (RTM)

직조 매트나 섬유 강화제를 채운 틀(mold cavity)안에 압출기로부터 매트릭스 고분자를 용융 상태에서 충전시키면서 가열, 경화 반응시키는 첨단 방법이다.

6. Filament winding

복합재료 가공법 중 가장 강화재의 함량이 높고 강도와 내열성이 높은 방법으로 강화 섬유를 촘촘히 감는 데 필요한 소량의 매트릭스 수지를 접착제로만 이용하여 제조한다. 로켓, 미사일, 골프 클럽 샤프트 등에 사용한다.

7. Other

그밖에 press molding, transfer molding, pultrusion molding, casting, centrifugal casting 등이 있다.

| Chapter 06 |

반도체

현대의 IT 기술은
실리콘 웨이퍼의 위에서 가능했다.

1. 반도체의 원리

1. 반도체(semiconductor)의 엄마, 진공관

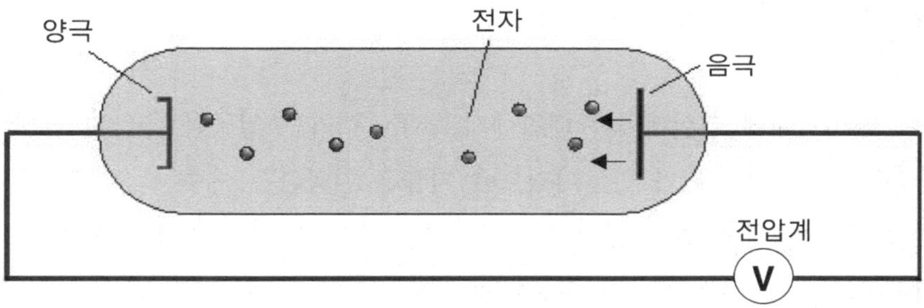

그림 6-1. 진공관의 구조

전기를 잘 통하면 전도체, 전기를 통하지 않으면 부도체라고 하지만, 반도체가 반만 전기가 통하는 것을 뜻하지는 않는다. 사실은 전기가 통했다가 안 통했다가 할 수 있는 물질을 말한다. 이런 기능을 하는 소자가 있으면 전자계산기를 만들 수 있다. 전기가 통하면 (+), 안 통하면 (−)로 하여 마치 주판처럼 연산 기능을 자동으로 할 수 있다. 이런 기능을 할 수 있는 첫 전자 소자는 진공관이다. 1883년 에디슨(Thomas Edison)은 전구를 연구하면서 필라멘트에 전기를 연결하여 빛과 열이 나는 것을 관찰하던 중, 진공 전구 안에 금속판을 연결하면 진공인데도 불구하고 필라멘트에서 금속판으로 전기가 흐르는 것을 확인하였는데, 이것을 에디슨 효과라고 한다. 에디슨은 왜 그런지 몰랐으나, 영국의 플레밍(J.A. Fleming)은 금속을 가열하면 표면에서 전자를 방출하고 이것이 (+)극으로 끌려서 이동하여 전기가 흐르게 된다는 것을 알아냈다. 이것을 열전사방사라고 하며 이런 진공관이 2극 진공관이다. 금속판에 전기를 걸면 필라멘트에서 전자가 방사되어 (+)극인 금속판 쪽으로 흘러 순방향으로 전기가 통한다. 그러나 전기를 반대 방향으로 걸어주면 가열되어 방사된 전자가 (-)극으로 끌릴 수 없기 때문에 전기가 통하지 않는다. 이런 현상을 정류 작용(rectification)이라고 한다. 이 효과를 응용하여 교류를 이 진공관에 흘리면 순방향일 때는 전기가 통하고 역방향일 때는 전기가 통하지 않게 되어 교류를 직류로 바꿀 수 있다.

1940년대에 펜실베니아 대학에서 ANIAC이라는 진공관으로 된 집채만 한 크기의 컴퓨터가 만들어졌으나 지금은 진공관을 아주 작은 반도체로 대치하여 책상 위의 소형 컴퓨터로 발전시켰다. 반도체의 핵심은 실리콘이다. 실리콘은 탄소와 마찬가지로 4가 결합을 하는 원소다. 그러나 탄소에서는 불가능한 일이 실리콘에서는 가능하다. 물질의 전도성은 전자 구조, 더 정확히는 전자의 위치에 의하여 결정된다. 한 원자에서 전자들은 각기 자기의 에너지 수준에 맞는 궤도를 돌게 된다. 이것을 에너지띠(energy band)라고 한다. 전자들이 띠(covalent band)를 꽉 채우고 있으면 전기 부도체가 된다. 그러나 띠를 다 채우고도 하나의 전자가 남아 있다면 이 전자는 자유롭게 원자 사이를 돌아다니게 되고(자유 전자) 그래서 전기가 통하는 전도체가 된다. 전자의 흐름이 바로 전기의 흐름이기 때문이다. 가끔 원자가 에너지를 받으면 전자들이 흥분을 하여 자신의 에너지 띠에서 더 높은 에너지 띠(conductive band)로 튀어 올라가게 되는데 그 격차를 띠간격(band gap)이라고 한다. 이런 일은 쉽게 일어나지 않는데, 실리콘은 탄소에 비해 그 격차가 아주 적어서 비교적 쉽게 띠간격을 뛰어 올라간다. 이렇게 되면 그 올라간 전자는 마치 그 전 에너지 수준에 전자가 다 차고 하나 남은 전자처럼 자유 전자가 되어 옆의 원자로 이동이 가능하게 되므로 전도체의 상태가 된다. 이렇게 같은 원소인데 전기가 안 통했다가 통하는 상태로 변화할 수 있는 것이 반도체이다.

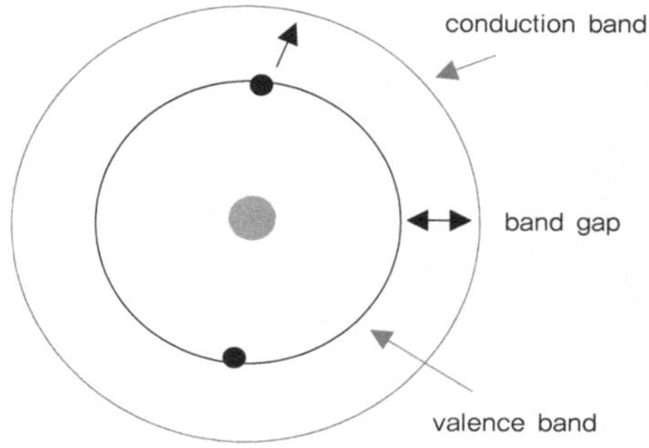

그림 6-2 원자의 구조

아까 이야기한 자유 전자는 전자가 없는 곳, 즉 빈 구멍(hole)을 찾아간다. 여분의 자유 전자가 있고 그 전자를 받아들일 만한 정공(electron hole)이 있다면 전기가 잘 통할 것이다. 이런 상태로 만들어주는 방법이 있는데 이것이 바로 도핑(doping)이다. 불순물을 넣어 주어서 자유 전자와 정공을 잘 만들 수 있는 여건을 조성해 주는 것이다.

사실은 반도체를 단순히 전도도만 가지고 이야기할 수는 없으며 온도를 높였을 때의 영향을 고려해야만 한다. 왜냐하면 온도를 높이면 하전된 입자가 흥분되어 하전 입자의 이동이 많아져서 반도체의 전도도를 높이기 때문이다. 이런 현상은 금속과는 다르다. 금속은 가열하면 원자들이 격렬하게 열진동하여 하전 이동체가 이동하는 것을 방해해 전도성

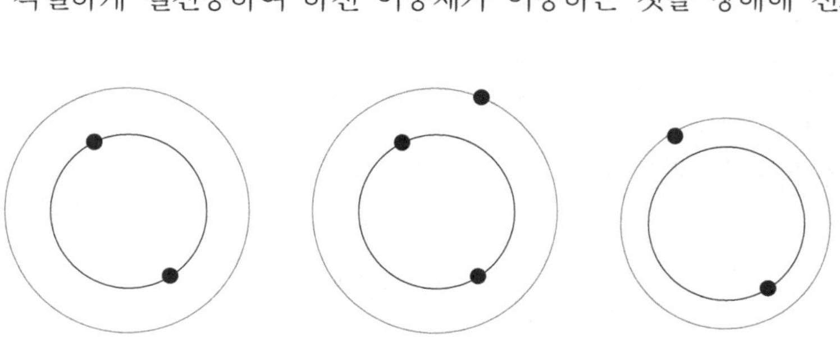
그림 6-3 부도체, 전도체, 반도체

이 낮아진다. 물론 반도체에서도 이런 현상은 있으나 그보다는 하전 이동체가 많아지는 효과가 더 크다.

2. 반도체의 특성

- 일반 금속은 가열하면 저항이 커지지만 반도체는 오히려 작아진다.
- 반도체에 도핑하는 정도에 따라 전도도를 조절할 수 있다.
- 교류 전기를 직류 전기로 바꾸는 정류 작용을 한다.
- 반도체가 빛을 받으면 저항이 작아지거나 전기를 일으키는데 이것을 광전 효과라 한다.

3. 반도체 재료

반도체로는 여러 원소가 쓰일 수 있지만 지구상에서 가장 흔한 고체 원소인 실리콘을 널리 쓴다. 다른 반도체는 발광 소자 등 특수한 경우에 쓴다.

- Si
- Ge
- GaP
- GaAs

4. 반도체 제조 공정

반도체 제조 공정은 크게 세 단계로 볼 수 있다.

❶ 웨이퍼 제조

단결정이나 다결정 실리콘 덩어리를 녹여서 천천히 결정으로 육성하고, 만들어진 실리콘 봉을 절단하여 얇은 판(slice) 형태로 잘라낸다. 이것을 웨이퍼(wafer)라고 한다.

❷ 패터닝

웨이퍼 위에 설계된 회로를 그리는 작업이다. 실크 스크린이나 판화 제작과 같은 원리로 회로를 그리는 작업을 패터닝(patterning)이라고 한다. 이 작업은 다시 다음의 여덟 가지 세부 공정으로 나눌 수 있다.

① 회로 설계

필요한 연산을 수행할 회로를 설계한다.

② 산화 공정(oxidation)

고온(800-1200도)에서 산소나 수증기를 웨이퍼 표면에 뿌려 산화막(SiO_2)을 형성시킨다. 표면을 보호하는 역할을 한다.

③ 포토레지스트 고분자 도포(photoresist polymer coating)

포토레지스트(감광성, photoresist) 고분자를 도포한다.

④ 노광(exposure)

설계된 회로를 담은 마스크를 위에 얹고 빛을 쪼이면 빛을 받은 부분의 고분자는 가교 반응(crosslinking)을 하여 불용성으로 변한다.

⑤ 에칭(etching)

세정용 산으로 노광되지 않은 부분을 씻어낸다.

⑥ 회로 인쇄(metallization)

금, 은, 알루미늄 등을 화학 기상 증착(chemical vapor deposition)시켜서 웨이퍼 표면에 형성된 회로들을 연결한다.

⑦ 이런 과정을 반복하여 여러 층의 회로를 만들 수 있다.

⑧ 불량품을 골라내고 칩 하나 크기로 작게 절단한다.

❸ 포장(packaging)

① 리드 제작(Reed frame)

앞서 만든 회로에 연결하여 바깥으로 리드를 부착한다.

② 성형(Molding)

에폭시 수지이나 폴리아마이드 같은 내열성 플라스틱으로 감싸서 포장한다.

5. 포토레지스트(photoresist) 공정

반도체 제조 공정 중 핵심이 되는 기술이다. 실리콘 웨이퍼 위에 회로를 그려 넣는 작업인데 매우 미세한 크기로 작업하며 조금의 먼지도 허용되지 않고, 고집적도를 결정 짓는 가장 복잡한 공정이기도 하다. 이 작업을 좀 더 자세히 그림으로 그 원리를 설명하면 그림 6-4와 같다.

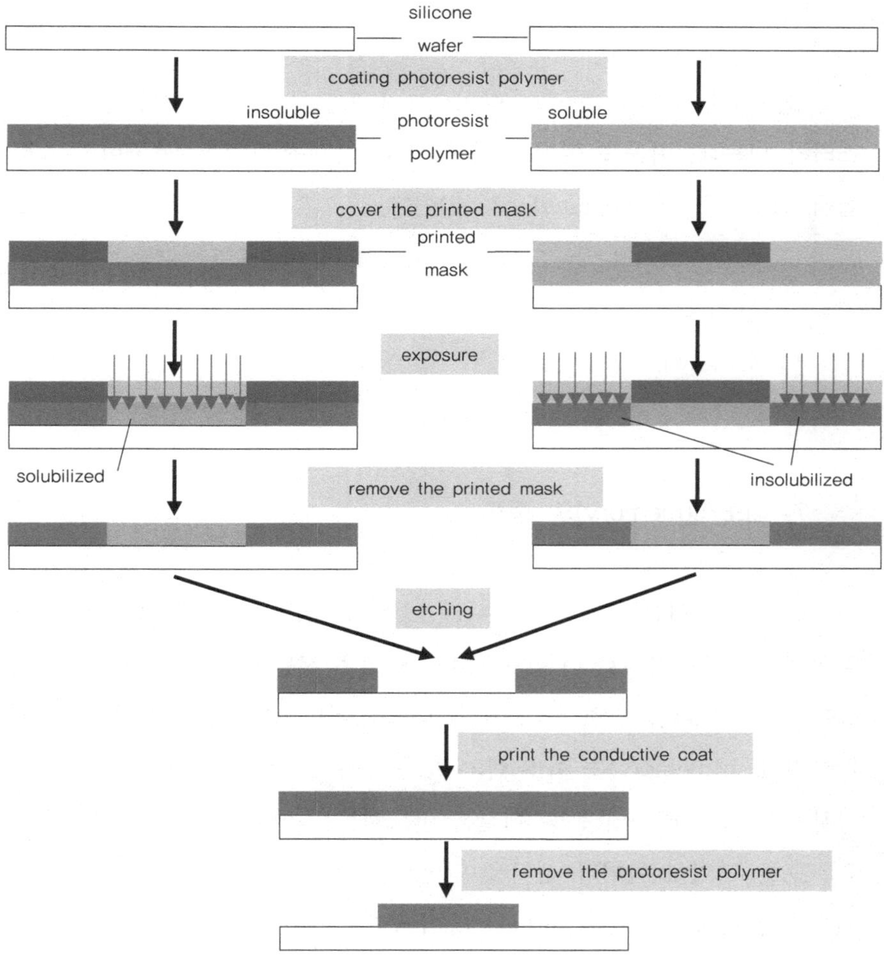

그림 6-4. 포토레지스트 공정의 원리도

6. 반도체의 종류

반도체 두 개를 접합하면 다이오드가 되고 세 개를 접합하면 트랜지스터가 되는데, 이들을 여러 개 붙여서 더욱 복잡한 회로를 구현한 것이 집적 회로, 즉 IC(integrated circuit)이다.

- 다이오드
- 트랜지스터
- IC

7. 메모리(memory)의 종류

반도체는 연산 능력뿐만 아니라 기억 소자로도 사용하는데 기억하는 양식에 따라 몇 가지로 나눌 수 있다. S 램은 전원을 끊어도 기억을 계속 유지하는 반도체를 말한다. 전원 공급을 끊어도 기록을 유지하는 플래시 메모리(flash memory)는 이 S 램의 한 종류이다. 이런 반도체는 정보를 저장하는 역할을 하는데 통상 이같은 반도체들을 메모리 반도체라고 한다.

또한 기억이 아니라 생각을 담당하는, 즉 연산을 위한 반도체가 비메모리 반도체이다. 그중 하나가 마이크로프로세서(microprocessor)이다.

- D(dynamic)
- S(static)
- RAM(Random Access Memory)
- ROM(Read Only Memory)
- 플래시 메모리

2. 다이오드

실리콘에 다른 하전 입자를 불순물처럼 미량 도입하면 전도도가 증가한다. 이것을 도핑(doping)이라고 하고 넣어주는 불순물을 도판트(dopant)라고 한다. 실제로 4가(valence)의 실리콘(●)결정에 5가인 비소 원자(●)를 미량 넣어주면 여분의 전자(•)가 생긴다. 이 전자는 적은 에너지만 받아도 전도띠(conduction band)에 쉽게 오르게 되어 열적으로 흥분된 전하 이동체가 된다. 이렇게 음전하를 띤 전하 이동체가 생기는 도핑을 n-형이라고 한다. 반면, 실리콘보다 원자가(valence)가 더 적은 원소[보론(●) 같은 3주기]를 넣어주면 원자가띠(valence band)에 전자 구멍(□)을 만들어 양전하를 띠게 된다. 이것을 p-형이라고 한다.

이렇게 도판트에 의하여 만들어진 p-형과 n-형 반도체를 연결하면 n-

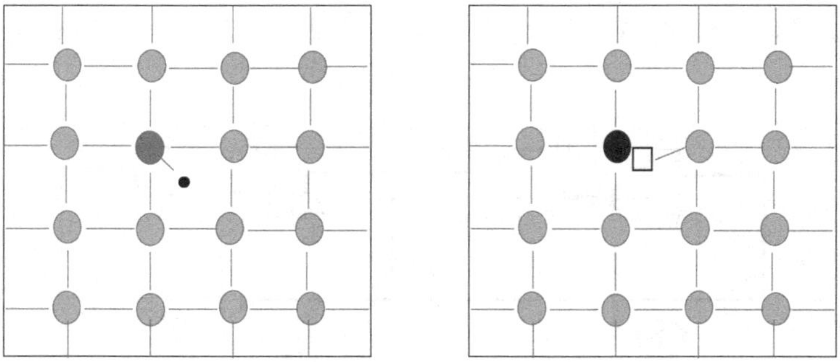

n–type semiconductor

p–type semiconductor

그림 6–5. n–형 및 p–형 반도체

형의 유도 전자와 p-형의 전자 구멍이 계면에서 만나게 되어 전자는 n-형 반도체에서 나와 p-형 반도체로 이동한다. 전하의 이동, 즉 전류가 계면을 통해서 이루어짐을 뜻한다. 전자가 구멍으로 들어가면서 안정화되는 것이므로 잉여의 에너지(띠간격에 해당하는 에너지)를 내 놓게 되면서 열이나 빛을 방사한다. 이것을 광전 효과라고 한다.

그러나 계면을 통한 전하의 이동이 계속적으로 이루어지기 위해서 자유 전자는 우선 p 영역의 유도 밴드로 올라가야만 하는데, 이때 에너지가 필요하지만 충분치 않으므로 교환 반응은 멈추게 된다. 그러나 여기에 n 영역에서 p 영역으로 전류를 걸어주면 상황은 변한다. 전기장이 걸리면 전자 밴드들을 밀어서 전자와 전자 구멍들이 계면에서 교환된다. 그러나 전류의 방향을 바꾸면 p-반도체 영역으로 전자들이 밀려 들어오므로 인접한 n-반도체에서 전하가 오지 못하게 된다. 즉, 전류가 끊어지며 이 p-n 결합은 한 방향으로만 전류가 흐르게 하는 역할을 한다. 이런 성질을 정류(rectification)라고 하며 이 장치를 다이오드(diode)라고 부른다.

그림 6-6의 PN 접합 다이오드(junction diode)는 화살표 방향으로만 전류가 흐른다는 것을 나타낸다.

전류의 방향과 전자의 이동 방향은 반대이므로 N쪽에 전자가 유입되

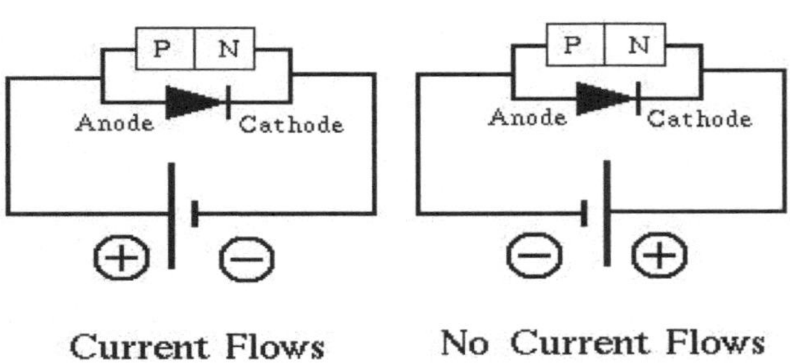

그림 6-6. 다이오드의 정류 작용

면 전자가 더 많아지므로 P쪽으로 전자가 이동하는 것이 더 잘 일어난다.

그러나 반대로 전류가 흐르려고 할 때, 전자가 P쪽으로 유입되면 P 영역에 있는 구멍(hole)으로 전자들이 빨려 들어가고 전자는 이동하지 않게 된다. 이것이 정류 작용의 원리다.

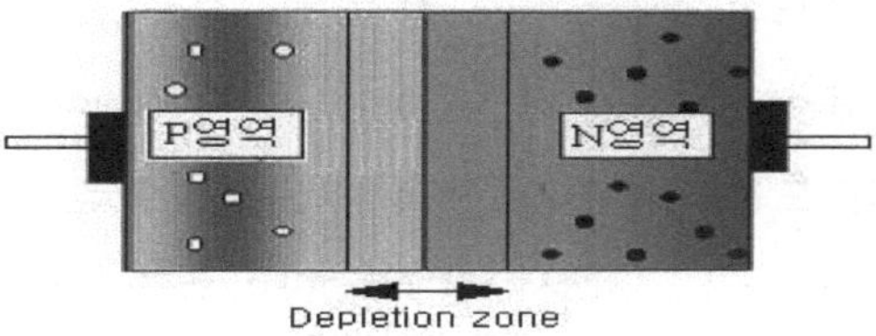

그림 6-7. 결핍층

N 영역엔 여분의(extra) 전자들이 있고 P 영역엔 여분의 구멍(extra hole)들이 있으므로 둘을 붙여 놓으면 전자들이 N에서 P로 이동하게 된다.

그런데 P 영역과 N 영역이 접합(junction)하는 경계에서는 서로의 전자와 구멍이 곧 상쇄하므로 전자도 구멍도 없는 영역이 조금 존재하게 된다.

이 영역을 결핍층(depletion zone)이라고 하는데 이것이 다이오드에서의 전자 흐름을 어느 정도 막는 장벽(barrier)이 된다. 물론 전류가 흐르기 위해서는 이 장벽 정도는 넘는 충분한 양의 전자와 구멍이 필요하다.

- 발광 다이오드

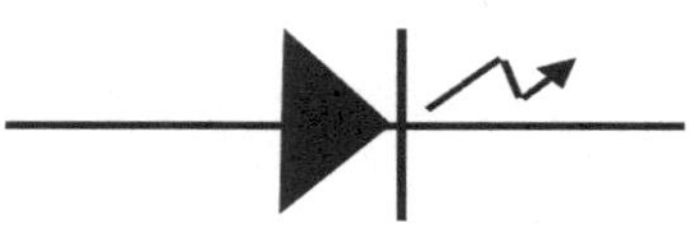

- 정전압(zener) 다이오드

그림 6-8. 다이오드의 종류

발광 다이오드(LED, light emitting diode)는 갈륨-인 또는 갈륨-비소-인 등의 금속간 화합물 반도체로 PN 다이오드를 만들고 순방향으로 전류를 흘리면 접합면에서 빛을 낸다.

적색과 녹색이 많고 청색은 값이 비싸 잘 쓰지 않는다.

적색과 녹색을 같이 켜면 오렌지색이 된다.

발광 다이오드의 극성은 리드선이 긴 쪽이 양극(+anode)고 짧은 쪽이 음극(-cathode)이다.

제너 다이오드는 과부하가 걸릴 때 순간적으로 전압을 아주 작게 떨어트리는 역할을 한다. 그래서 정전압 다이오드라 부른다.

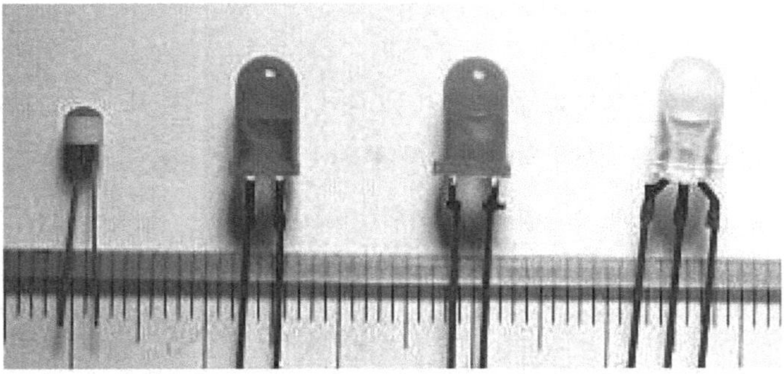

그림 6-9. 다이오드의 실 제품들

a- 일반 다이오드

b- 빨간색 발광 다이오드

c- 녹색 발광 다이오드

d- 적녹주 발광 다이오드.

다리가 세 개인 것은 그 중 둘을 켜면 적색, 다른 둘을 켜면 녹색, 셋 다 켜면 적녹이 합하여 오렌지색이 된다.

3. 트랜지스터

n, p형 반도체 세 개를 접합하면 트랜지스터(transistor)가 된다. 트랜지스터는 기본적으로 증폭 작용을 한다. 전압을 걸어주면 이미터 쪽으로 전자가 유입되므로 컬렉터 쪽보다 전자가 많게 된다. 그럼 베이스를 거쳐서 전자가 이동하는데, 만일 베이스의 회로를 연결해서 전류를 흐르게 하면 이미터-베이스로 구성되는 회로가 연결되므로 전자들의 일부가 베이스로 빠져 나가고 일부만 컬렉터에 도달하게 된다.

베이스의 전류를 변화시키면 컬렉터에 도달하는 전자의 양도 달라질 것이다. 만일 이미터에 들어오는 전자의 총량을 1이라 하고, 그중 컬렉터에 도달한 양을 a라고 하면 베이스로 빠져 나간 양은 b가 될 것이다. 그때 입력과 출력의 비는 a/b가 된다.

이 반도체 다이오드에서 만일 b를 0.01로 하면 a=1-b이므로 a는 0.99가 되고 a/b=99, 만일 b를 0.001로 하면 a=1-b이므로 a는 0.999가 되고 a/b=999, 즉 베이스의 전류를 조정하므로 컬렉터의 값을 엄청 크게 증폭할 수 있게 된다.

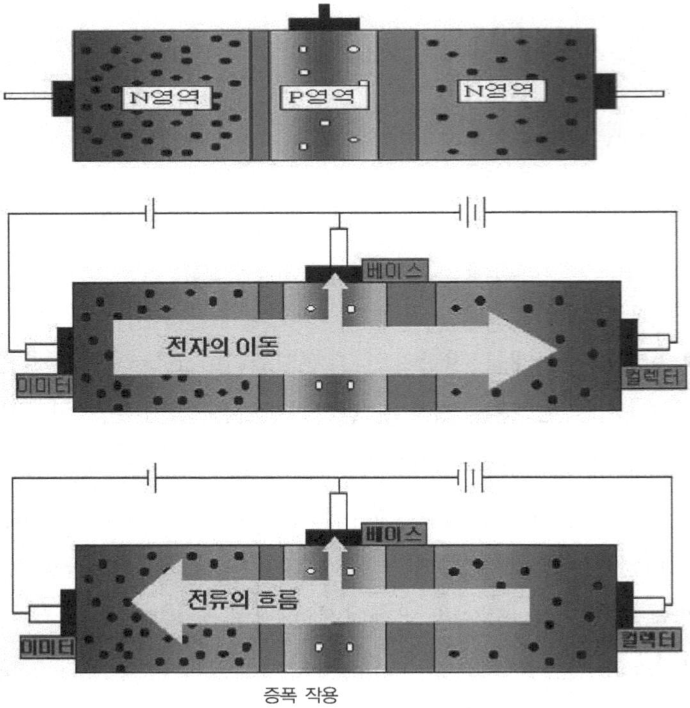

그림 6-10. 트랜지스터 원리도

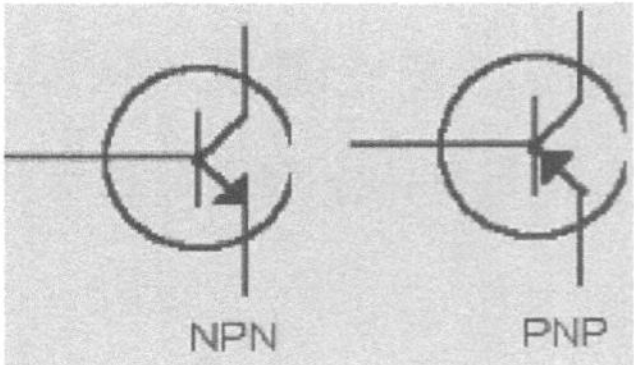

그림 6-11. 트랜지스터 표시법

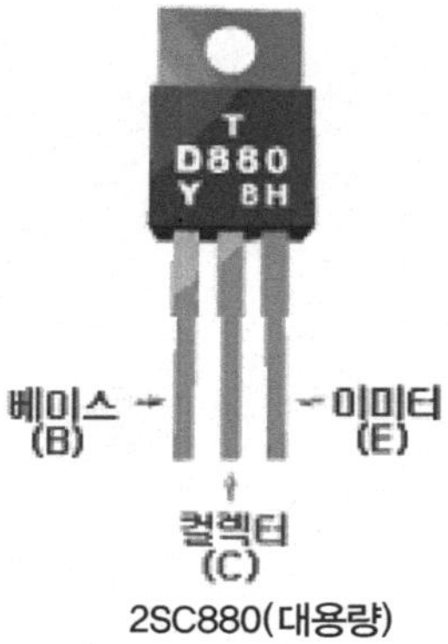

그림 6-12. 트랜지스터 실제품

| Chapter 07 |

광통신

구리 전선이 아닌 광섬유가 통신 매체가 되면서
통신 속도는 엄청나게 높아졌다.

1. 통신의 발달

지난 세기 정보통신 기술의 급격한 발전은 전자에 의한 것이었다. 이제 광통신의 시대가 왔다. 광통신 기술은 빛을 만들고 유도하며, 감지하고 처리하는 기술이다. 아주 오래전 봉화대나 거울을 이용한 태양광 신호는 일종의 광통신이다. 그러다가 1870년대에 벨(Alexander Graham Bell)이 전화를 발명하였다. 1890년대에 마르코니(Guglielmo Marconi)가 구리선 대신에 공기를 타고 전송되는 무선 전보를 발명하였는데, 그 후 무선 통신은 구리선과 전기 공학을 타고 급격히 발전하여 1970년대 후반에는 일 년에 구리 사용량이 미국에서만 20만 톤에 이르렀다. 1947년에 벨 전화 연구소의 바딘(John Bardeen)과 브래튼(Walter Brattain)이 트랜지스터를 발명함으로써 통신은 일대 전기를 맞는다. 그 전에는 변환과 증폭을 하는 데 크고 깨지기 쉽고 전력을 많이 사용하는 진공관을 사용하였는데, 트랜지스터는 수백만 분의 일밖에 전력을 사용하지 않으면서 작고 견고하고 빠른 소자가 가능하게 되었다. 그 후 빛에 의한 정보 전송이 다시 등장하게 되었다. 장거리 광통신은 1988년 최초로 이루어졌는데, 유리 섬유에 구리 전선보다 수천 배나 많은 데이터를 싣고 아주 적은 전력에 의하여 전송된다. 광전자 회로는 현대 정보 기술의 핵심이다. 광전자 장치를 만드는 것은 보통 일이 아니며, 광자가 매우 빠른 속도로 처리될 수 있더라도 전자는 속도의 제한을 갖기 때문에 전자를 제거하고 광자만으로 정보를 처리하는 기술에 눈을 돌리기 시작했다. 과학자들은 이 순수 광자 기술에 이미 들어섰다. 광자 트랜지스터라고 할 수 있으며, 이것으로 광자 컴퓨터도 구현할 수 있다. 광자회로의 설계는 또 다른 양상을 띨 것이다. 광자 회로는 종전의 전자 회로보다 더욱 간소화될 수 있을 것이다. 그래서 더욱 싸지고 소형화될 것이다. 순광자 회로는 더욱 깨끗하고 빠르고 작고, 다재다능하게 될 것이다. 이 모든 발전은 고체 소자 레이저 발전의 도움 없이는 불가능하다.

2. 광섬유

구리선이 전기를 전송하듯이 빛은 광섬유로 전송한다. 전기 전송보다 광통신이 유리하다. 만일 미국의 모든 전화 통신을 한 구리선으로 연결한다면 두 팔로 감싸 안을 수도 없는 굵은 선을 써야 하며 거의 불가능한 일이다. 그러나 광섬유라면 별로 굵지 않은 섬유로 가능하며 그 속도는 초당 5조 비트나 된다. 1988년 AT&T와 Bell에 의하여 광섬유가 대서양을 가로질러 설치된 이래로 모든 통신선이 광섬유로 대치되었다.

빛도 전자기파의 하나다. 그래서 전기장이나 자기장의 파동 형태로 전파된다. 주파수는 파장과 관련되어 있다. 주파수가 높으면 파장은 짧아진다. 가시광선 영역에서는 빨간 빛이 가장 파장이 길며(700 nm), 파란색

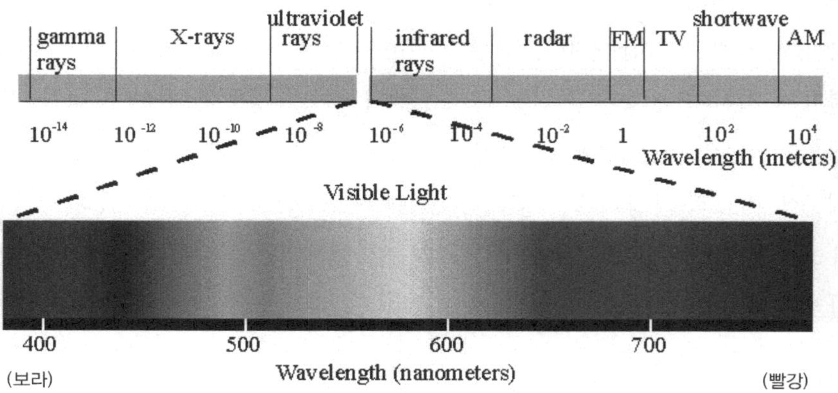

그림 7-1. 전자기파

과 보라색이 가장 파장이 짧다(400 nm). 자외선은 더 짧아서 0.8~0.1 nm 이며 마이크로파는 mm-cm 영역이고 라디오파는 수 미터에 이른다. 반면 X-선은 결정의 원자 몇 개의 간격 밖에 안 되기도 한다.

지난 세기말 양자역학의 발전으로 빛은 또한 광자라는 입자라는 것도 알게 되었다. 이것은 전자기 에너지를 담는 단위가 되며 동시에 주파수와 파장을 갖는다. 광자의 에너지는 주파수에 따라서 증가한다.

빛을 전송하는 광섬유는 우리가 유리창에서 사용하는 것과 똑같은 실리카 유리가 중심축(core)에 있고, 좀 더 굴절률이 낮은 유리로 표면을 감싼 형태이다. 굴절률이 낮은 표면(clad)의 유리는 사염화 규소(silicon tetrachloride)를 응용하여 만들어진다. 굴절률을 낮게 하기 위하여 저마늄(germanium)이나 염소를 포함하는 산화 인(phosphorous oxide)을 도입한다. 이런 광섬유를 계단형 굴절률 광섬유(step-index fiber)라고 한다.

하나의 광섬유는 몇 개의 구리선을 대치하지만 값이 비싸므로 기능을 더욱 높일 필요가 있다. 광섬유의 문제는 장거리 전송 때 신호가 소실되는 것인데, 마치 전선이 자체 저항 때문에 열이 높아지면서 전도도가 낮아지는 것과 마찬가지다. 광섬유에서는 중심 유리의 불순물이나 결정 결함에 의하여 신호가 산란으로 소실된다. 어느 정도의 산란에 의한 소실은 피할 수 없는 것이다. 그러나 짧은 파장에서 산란이 많이 일어나기 때문에 비교적 파장이 긴 적외선을 쓰면 어느 정도는 줄일 수 있다. 보통 유리에서 볼 수 있는 불순물이나 수분 및 공기 방울은 새로운 공정의 개발로 거의 해결되었다.

3. 공명 흡수 주파수

어떤 빛은 유리에 흡수되며 소실된다. 모든 물질은 자신의 구조에 포함된 원자들의 진동과 파장이 맞는 전자기파를 흡수한다(공명 흡수 주파수). 유리의 공명 흡수 주파수는 8-15 μm다. 이 영역은 이미 근적외선 영역이며, 적외선 통신에서 이것을 피하기 위해 2.5 μm보다 작은 적외선을 써야 한다. 긴 파장을 사용하려면 다른 영역의 진동 주파수를 갖는 물질을 사용해야 한다. 이런 물질은 흔하지 않다. 대부분의 원자는 비슷한 영역의 진동 주파수를 갖기 때문이다. 어떤 불화 금속은 상당히 긴 적외선 파장을 갖는다. 예를 들면 사플루오르화 지르코늄(zirconium tetrafluoride)는 공명 흡수 파장이 17-25μm나 된다. 불화 금속을 섞은 유리로 만든 광섬유는 0.3-8 μm의 영역의 적외선을 전송할 수 있다. 그런데 이 물질은 녹는점이 규소 유리보다 낮아서 중심과 표면을 따로 만들어 결합하는 새 공법을 사용해야만 한다. 이 불화 금속 광섬유는 이론적으로는 일반 규소 유리보다 20배나 투명하므로 20km 두께로도 투과된 빛을 볼 수 있다는 말이 된다. 그러나 실제로는 가장 좋은 규소 유리보다 두 배 정도 된다고 한다.

불화 지르코늄은 규칙적인 원자 구조 때문에 결정성 광섬유로도 사용한다. 결정성 광섬유는 트라이셀레늄화 비소(arsenic triselenide)나 아이오딘화 포타슘(potassium iodide)으로도 만들 수 있는데 낮은 주파수 진동을 갖는다. 트라이셀테늄화 비소는 10 μm의 파장 영역까지도 투명하다. 결함 없는 결정성 섬유를 만드는 것은 오래 걸리고 비싼 공정이다. 1분에 몇 cm밖에 안 된다. 그래서 이 재료의 사용은 장애에 부딪쳐 있다.

4. 분산 소실

광섬유 통신의 또 하나의 문제는 전송 중에 일어나는 소실이다. 섬유가 아주 가늘기 때문에 광자들이 여러 경로를 따르게 된다. 어떤 것은 중심을 그냥 통과하고 어떤 것은 다양한 각도로 반사하며 통과할 것이다. 반사 각도가 급할수록 경로는 더 길어진다. 도착 시간이 차이가 나므로 분산 효과가 생긴다. 이렇게 장거리를 가면서 신호가 희미해지기 때문에 생기는 문제를 해결하기 위해 유리의 굴절률을 중심에서의 거리에 따라 변화시켜, 중심에 가까울수록 느리고 멀수록 빠르게 하는데, 이것을 언덕형 굴절률 광섬유(graded-index fiber, 그림 7-2)라고 한다. 이런 구조는 붕소(boron)이나 산화 저마늄(germanium oxide)을 규소 유리에 점진적으로 도입하여 만들 수 있다.

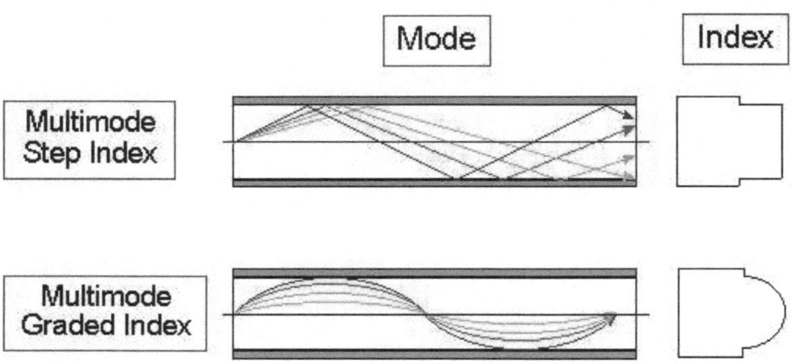

그림 7-2. 광섬유의 구조

장거리를 전송하면 어느 정도의 손실은 피할 수 없기 때문에 50km마다 리피터(repeater)라고도 부르는 광증폭기를 사용해야 한다. 적외선 영역에서 형광(빛을 받았다가 다시 내는)을 나타내는 란타나이드(lantanide) 같은 금속으로 도핑한 유리를 사용하여 광증폭기를 만든다. 레이저 같은 광원을 흡수하여 나타내는 형광빛의 세기가 조절용 빛의 도입으로 변화된다. 이런 방식으로 약한 신호의 빛이 강하게 증폭된다. 더 발전한 방법으로는 전체 광섬유에 란타나이드를 도입해 연속적으로 증폭시켜 신호가 전혀 감소되지 않는 기술도 사용한다.

산업적으로는 아직 유리로 된 광섬유에 여러 물질을 도핑하여 쓰고 있지만, 한편으로는 고분자 신소재가 연구되고 있다. 고분자 신소재는 광학 특성도 좋고 더 견고하며, 유연하고 더 싸며, 고온과 진공을 사용하지 않는 더욱 간단한 공정으로 만드는 장점이 있다. 아직은 유리와 같은 순도를 얻을 수 없어서 어느 정도의 손실은 피할 수 없지만 지역방송 같은 단거리 통신에는 폭넓게 사용하고 있다. 이것은 PMMA를 중심 소재로 하여 굴절율이 낮은 불화 고분자로 표면을 씌운 계단형 굴절률 광섬유(step-index fiber) 구조를 하고 있으며, 일본 게이오 대학에서는 언덕형 굴절률 PMMA 광섬유(graded-index PMMA fiber)를 개발하였다.

5. 반도체 레이저

광통신을 위하여 꼭 필요한 것이 레이저(laser, 그림 7-3)다. 레이저가 아닌 빛을 사용하면 산란이 일어나 빛이 번지고 소실되어 효과적인 광통신을 할 수 없게 된다. 레이저는 반도체에 의하여 생성된다.

1. 레이저

대규모 전자 공학의 발전이 트랜지스터의 발명에 힘입었듯이 광통신 기술도 몇 가지 기술이 기반이 된다. 그 중 하나가 1960년에 개발된 레

그림 7-3. 레이저

이저 기술인데 광통신 고속 처리와 전송에 필수이다. 트랜지스터와 마찬가지로 레이저도 물리학에서 개발되어 곧 소재 공학자들의 손을 거쳐 실용화되었다. 레이저 발생 장치의 처음 모습은 책상을 다 차지할 만큼 대형이었으나 이젠 마이크로칩에 실을 만큼 작아졌다.

레이저선은 햇빛이나 전구에서 나오는 빛과는 다르다. 햇빛의 광자는 각각의 광자가 따로 진동하는 비간섭성(incoherrent) 빛이나 레이저는 진동이 서로 동조(synchronized)하는 간섭성(coherent) 빛이다. 이 동조성이란 보통 빛처럼 산란하지 않고 번지지 않는다는 것을 뜻한다.

아인슈타인(Albert Einstein)이 간섭성 빛의 이론을 펼친 뒤로 1954년 캘리포니아 대학 버클리 캠퍼스의 타운스(Chales Townes)에 의하여 최초의 실험이 이루어졌다. 사실 그것은 진정한 레이저(laser, Light Amplificated by Stimulated Emission of Radiation, 유도 방사 빛)는 아니었고 메이저(maser, Microwave Amplificated by Stimulated Emission of Radiation, 유도 방사 마이크로파)였다. 그리고 1960년에 메이만(T.H. Maiman)이 루비로부터 붉은 레이저를 얻는 데 성공하였다.

초기 레이저에는 많은 물질들이 활성 매체로 사용되었다. 메이만은 루비 결정을 사용하여 붉은색 레이저를 만들었고 이산화탄소나 아르곤 기체뿐만 아니라 염료 용액을 사용하여 다른 레이저도 만들었다. 루비 레이저에 뒤이어 네오디뮴-YAG 레이저도 개발되었는데 루비와 비슷한 이트륨(yttrium)과 알루미늄을 포함하는 석류석에 네오디뮴(neodymium)을 도판트(dopant)로 첨가한 물질을 사용한 것으로서 적외선 영역의 강력한 에너지의 레이저다.

여기된 원자나 분자에서 나온 광자의 유도 방사에 의해 레이저가 생산된다. 여기된 원자나 분자(평형 에너지보다 더 큰 에너지를 갖는)는 여분의 에너지를 갖는 광자를 방사하는데, 이것을 방사성 붕괴라고 한다. 분자의 에너지는 아무 값이나 갖는게 아니라 불연속적인 에너지 단계의 밴드 갭을 갖는다는 것이 양자역학이다. 에너지 단계는 사다리 형태로 이해할 수 있다. 여기된 에너지는 어떤 형태로든지 언제든 방사되고야 만다. 이 방사성 붕괴는 방사능 핵 붕괴처럼 조절할 수 있다. 그러나 특정한 파장을 갖는 빛 에너지를 받았을 때 같은 파장의 빛을 방사하기도 하는데 이것을 유도 방사라고 한다. 그렇게 되어 생긴 전자기장은 여기된 물질의 공명 진동을 유도한다. 공명 진동은 유도 진동과 동조된다. 즉, 간섭이 일어나게 된다.

유도 방사 현상은 여기된 모든 것의 방사성 붕괴를 촉진하는 feed-back을 일으킬 수 있다. 만일 단독으로 여기된 물체가 동시에 방사를 하게 되면 방사된 광자가 다른 여기된 분자들의 방사를 유도할 것이다. 이렇게 생산된 두(간섭성) 광자는 두 개의 또 다른 방사를 유도하게 될 것이다. 레이저에서는 여기된 원자나 분자를 포함하는 방사성(활성) 물질을 두 개의 거울 사이에 넣어 그 안에서 반사하게 하는 시스템을 만들 수 있다. 여기서는 방사가 한번 일어나면 거울로 막힌 상자 안에 갇혀서 더욱 큰 방사를 유도하다가 공간으로 튀어 나가게 된다. 더 많은 방사가 유도될수록 상자 안에서 더 많은 광자가 앞뒤로 반사하여 모든 여기된 원자나 분자들이 엄청난 간섭성 빛을 분출할 정도의 축적된 높은 에너지의 방사성 붕괴가 일어나게 된다. 물론 한쪽 거울은 부분적으로 투명하여 어느 정도 쌓인 에너지의 방사선이 나올 수 있어야 한다.

2. 레이저 다이오드

이런 장치를 만들기 위해서 많은 양의 여기 원자나 분자가 필요하다. 여기 상태는 불안정하다. 평균보다 더 높은 에너지를 가진 여기 분자는 증가된 에너지를 떨어트려 안정된 상태로 돌아가려 할 것이다. 그래서 평형에서는 극소수의 분자만이 높은 에너지 사다리에 이를 수 있을 것이다. 그러므로 레이저 방사를 일으킬만한 유도 방사가 한꺼번에 일어나게 하려면 더 높은 에너지 단계로 여기된 분자들이 대량으로 필요하게 된다.

그래서 여기 분자를 대량으로 만들 수 있도록 도판트를 극대화 한다. 즉, 실리콘 같은 4족을 근간으로 하지 않고 주기율표 3족과 5족 원소만으로 만든 합금을 이용한다. 이것을 III-V 반도체라고 한다. 이들 물질들은 좋은 광방사체다. 가장 널리 쓰이는 것이 갈륨-비소(Ga-As), 또는 갈륨-알루미늄-비소(Ga-Al-As) 소자다.

이런 III-V 반도체는 n 또는 p 형으로 도핑된 반도체의 극단적인 형

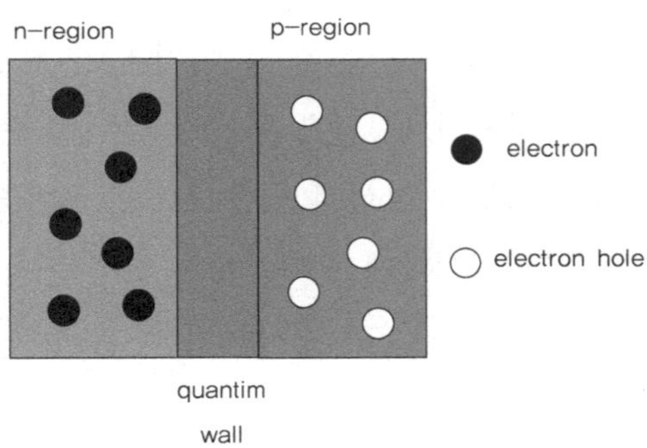

그림 7-4. 양자벽

태로 이해할 수 있다. 3족 원소가 세 개의 원자가(valence) 전자를 가지며 5족 원소는 다섯 개를 가지므로, 이 둘의 동량 합금은 평균 네 개로서 실리콘과 같게 된다. 소재의 구성을 바꾸거나, 주기율표의 같은 주기의 원소를 첨가하거나, 그 두 원소의 비율을 바꿈으로써 띠간격(band gap)의 정확한 넓이와 방사되는 빛의 색을 조절할 수 있다.

두 반도체 접면에서 일어나는 재결합 공정을 이용하여 레이저를 만들기 위해 가장 먼저 필요한 것은 재결합을 시킬 때까지 전자와 전자 구멍을 격리시킨 채로 유지시킬 수 있어야 한다. 그래서 두 반도체 사이에 작은 띠간격을 가지는 다른 반도체 층을 샌드위치시켰다. 이런 구조를 벽처럼 생긴 띠 구조 때문에 양자역학에 근거하여 양자벽(quantum wall)이라고 부른다.

양자벽은 전자-구멍 재결합과 빛의 방사가 일어나는 곳이다. 샌드위치 구조에 전력을 걸면 n-doped 영역에서 나온 전자와 p-doped 영역에서 나온 구멍이 각각 이 벽으로 유입되어 전기장의 방향에 따라 전하 이

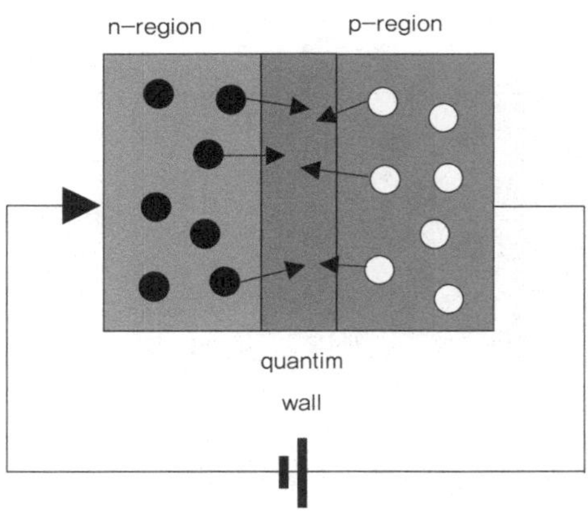

그림 7-5. 양자벽

동체가 방출된다. 서로 반대의 전하를 띠기 때문에 전자와 구멍은 서로 반대 방향으로 이동한다. 그러면 걸어준 전기에 의해 그 둘은 서로 반대쪽에서 벽쪽으로 밀게 된다. 한번 그렇게 이동하면 전하 이동체는 띠간격의 차이 때문에 다시 되돌아올 수가 없다. 예를 들면, 전자는 전도띠(conduction band)에서 에너지 단계(energy step)로 뛰어 올라야만 한다. 이런 층 구조를 헤테로(hetero) 구조라고 부른다. 그리스어로 hetero는 다르다는 뜻이며, 띠간격이 다른 여러 반도체로 만들었다는 것을 말한다. 많은 반도체 레이저에서 양자벽 층은 갈륨-비소로 만들어졌고 각 양단의 전하 이동체 저장소는 띠간격이 더 큰 갈륨-알루미늄-비소로 만들어져 있다.

양자벽에서의 재결합 현상은 처음에는 동시적이며 불규칙적으로 일어난다. 그러나 각 광자들은 벽을 통과하면서 부가적인 결합을 유도한다. 다른 레이저와 마찬가지로 양쪽에 거울로 막은 상자 안에서 동시다발적으로 광자들이 방사되면 폭발적인 유도 방사를 야기한다. 일반적인

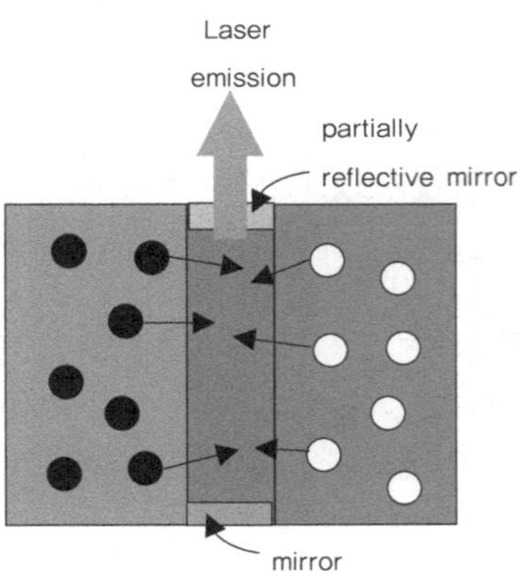

그림 7-6. 레이저 방사 원리

반도체 레이저(레이저 다이오드라고 부른다)에서 거울들은 층 구조의 양 끝으로 나누어져 있다. 활성 반도체 매체와 공기 사이의 굴절률 차이는 보통 계면에 부딪히는 빛의 30%를 반사시키고 레이저를 쏠 정도로 충분하다.

이 레이저 다이오드는 폭이 수 μm, 길이가 수백 μm인 벽돌 모양으로 되어 있다. 굉장히 작다고 할지 모르지만 집적회로에 실리는 트랜지스터 같은 전자 소자에 비하면 수백 배는 되는 크기다. 최초의 레이저 다이오드는 1960년대에 III-V 반도체로 만들어졌고, 1970년대가 되어서야 실용화가 가능할 정도의 안정성과 강도를 갖게 되었다. 지금은 CD 플레이어뿐만 아니라 광통신을 위한 광원으로도 쓰인다. 대부분의 GaAs/GaAlAs 레이저 다이오드는 근적외선 영역을 방사한다. 그러나 양자벽 샌드위치 사이에 AlGaInP 같은 다른 합금을 채우면 가시광선의 빨간색 레이저를 만들 수도 있다.

청색 레이저는 파장이 짧아서 더 작은 점으로 빛을 모을 수 있게 해준다. 즉, 더 높은 밀도로 저장된 정보를 다룰 수 있게 된다. CD나 자기 광학 기억 소자에서 데이터를 쓰고 읽는 데 청색 레이저를 사용하면 더 높은 밀도로 저장할 수 있다. 그러나 이런 청색 레이저를 만드는 일은 매우 어렵다. 지난 몇 년간은 셀레늄화 아연(zinc selenide) 같은 IIB와 IV 주기 원소를 포함하는 합금을 사용하여 녹색과 청색 레이저가 만들어졌다. 이 셀레늄화 아연은 장기간 안정성을 유지하지 못하여 실용화에 문제가 있었는데, 최근에 질화 갈륨(galium nitrade) 같은 질소를 포함하는 III-V 반도체 합금을 합성하여 장기간 안정한 청색 레이저를 만드는 데 성공하였다. 1996년 일본 니치아 화학(Nichia chemical)의 나카무라 슈지(Shuji Nakamura)가 질소를 포함하는 청색 레이저를 최초로 발표하였다.

4. 마이크로레이저

광전자 통신에서 레이저 다이오드는 대단히 중요하다. 전자를 광자로 모두 대치하기 위해서는 칩(chip) 위에 반도체 레이저를 실어야 한다. 최근에 마이크로레이저(microlaser)라고 하는 극소형 반도체 레이저가 개발되었다. 이 소자의 결정적인 핵심은 레이저 빛을 샌드위치 구조의 층으로 방사할 때 일반적인 레이저 다이오드에서처럼 층에 평행하지 않고 직각으로 방사하는 것이다. 이 차이는 레이저 구조가 더 작은 면적을 차지함으로써 같은 칩 위에 더 많이 실을 수 있음을 뜻한다. 이 표면 방사 구조는 일본동경기술연구소의 케니찌(Kenichi Iga) 박사 팀이 1970년대 말에 개발하여 1980년대에 실용화하였다.

표면 방사(surface-emitting) 마이크로레이저는 III-V 반도체가 원반형으로 쌓여 있는 원통형 구조로 되어 있다. 레이저의 원리는 레이저 다이오드와 거의 같다. 즉, 전자와 전자 구멍을 벽으로 쏘아대는 층들의 사이에 샌드위치처럼 끼어있는 양자벽은 10nm밖에 안 될 정도로 매우 얇아서 전력 소모가 최소화된다. 이것은 굴절률이 다른 두 소재-예를 들면 GaAs/AlAs-를 교대로 얇게 쌓아서 만들어진다.

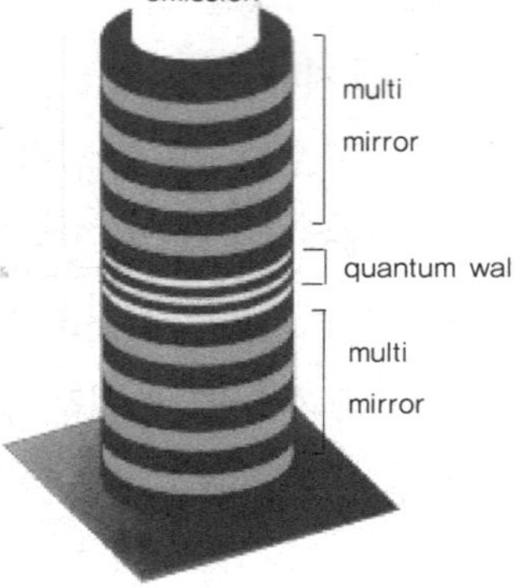

그림 7-7. 마이크로레이저의 구조

표면 방사 마이크로레이저는 수백 개의 각기 다른 층을 쌓는 아주 번거로운 공정이다. 그러나 한 개를 만드는 것처럼 수백만 개를 한꺼번에 만들 수 있으므로 큰 문제는 되지 않는다. 즉, 넓은 면에 차례로 증착하여 만든 후 하나의 작은 칩으로 잘라내면 된다. 1989년 AT&T의 주웰(Jack Jewell) 팀과 뉴저지의 벨코어(Bellcore) 팀이 7×8 mm 반도체 칩에 증착하여 1에서 5 μm 폭의 마이크로레이저 백만 개를 한꺼번에 제조하는 데 성공했다.

이 극소화 원통형 마이크로레이저의 성공적인 개발로 일반 모서리 방사(edge-emitting) 레이저 다이오드가 번지는 것과는 달리 가는 레이저 광선을 아주 작은 초점에 광도파로(waveguide)할 수 있게 되었다. 이 표면 방사 마이크로레이저는 활성 물질로 GaAs를 사용하고 근적외선(800-1000 nm의 파장)을 방사하는데 최근엔 Al-Ga-In-P를 사용한 붉은색 소자도 만들어졌다. 아직은 초기 단계나 한 개의 칩에 수백만의 정보를 한꺼번에 전송하고 2차원 그림을 광학적으로 처리할 수 있는 대형 2차원 집적 회로가 곧 만들어질 것이다.

광통신의 가장 큰 매력은 파장만 다르게 하면 많은 정보를 서로 섞이지 않게 한꺼번에 한 채널로 전송할 수 있다는 것이다. 이것은 라디오나 TV가 수신기의 파장을 돌려서 여러 방송 프로를 받을 수 있는 것과 같은 원리다. 그러려면 레이저의 파장을 변화시킬 수 있어야 하는데, 이것은 활성물질의 띠간격을 변화시키는 것을 의미한다. 그것은 방사 층의 원자 간격을 조절하거나 도판트를 도입함으로써, 또 재료의 광학적 성질을 변화시킴으로써 반도체 레이저의 파장을 바꿀 수 있음을 의미한다.

1994년 AT&T Bell 연구소의 카파소(Federico Capasso) 팀이 새로운 레이저를 개발했다. 이 레이저는 양자 폭포 레이저(QCL, quantum cascade laser)라고 부르며 부품의 크기를 변화시킴으로써 레이저의 색을 상당히 다양하게 변화시킬 수 있다. 이 레이저의 발명으로 레이저 방사 조작의 기본이 바뀌게 되었다. 일반적인 레이저는 레이저 상자 안에서 전자와 전자 구멍의 결합으로 방사가 유도되는 것으로 알려져 있다. 그러나 QCL에서는 이와 반대로 전자만의 주입으로 빛의 방사가 유도된다.

6. 광검출기

정보 기술에서 쓰이는 대부분의 광검출기는 광다이오드(photodiode)인데, 쉽게 이야기하면 광전 효과를 이용한 다이오드를 거꾸로 이용하는 것이다. 다이오드가 전류를 걸어주면 전자-정공의 계면이 활성화되어 여기 전자가 많아지고 이들이 광자를 발생시키는 것과 거꾸로의 과정이 광다이오드에서 일어난다. 즉, 빛(광자)을 받으면 전류가 생성되는 것이다. 광다이오드도 p와 n으로 도핑된 재료로 만들어져 있다. p-n 연결 소자에 전력을 거꾸로 걸어서 p 도핑 부분엔 음전기가 걸리고 n 도핑 부분엔 양전기가 걸리는데 이렇게 하면 p-n 계면에서부터 p 도핑 부분의 전자 구멍과 n 도핑 부분의 전자가 유인돼 나와 그들 간의 재결합을 방해하고 계면 양쪽의 유동성 전하 이동체에 빈칸을 만든다. 이것을 공간 전하(space charge, 그림 7-8)라고 하며, 뒤에 남아 있는 고정된 반대 전하가 전기장에 생기게 된다. 조사된 빛(광자)의 에너지에 의해 전자는 여기되어 정공과 쌍을 형성하게 된다. 빛이 많아지면 여기 전자와 정공의 쌍형성이 활성화되어 전류가 세진다.

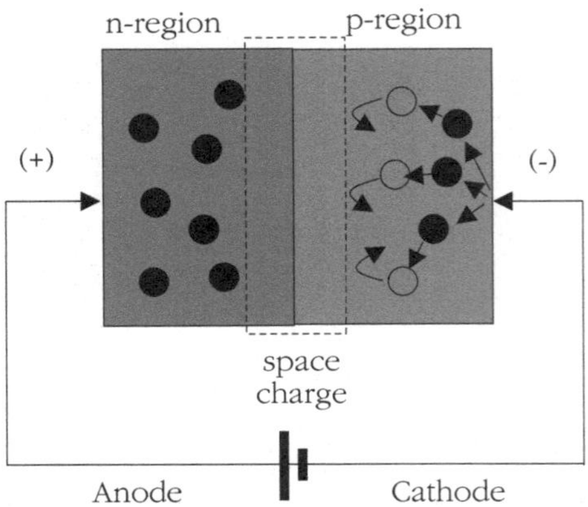

그림 7-8. 광검출기의 원리

이런 광류를 최대화하기 위해 모든 빛이 공간전하 영역에 흡수되어야 한다. 즉, 될 수 있는 한 그 영역을 크게 하여야 한다. 이렇게 할 수 있는 한 가지 방법은 p-n 소재 사이에 도핑시키지 않은(intrinsic) 영역을 만드는 것이다. 이것을 p-i-n 구조(그림 7-9)라고 한다. 도핑시키지 않은 영역 속에서 빛에 의해 여기된 전하 이동체는 다른 끝의 공간 전하 영역에 점진적 구조로 설치된 전기장을 따라 내려가며 지나게 된다. 광통신에 사용되며, 거의 모든 검출기 장치의 기본이 되는 이런 p-i-n 광다이오드는 1-1.6 μm의 긴 파장용 광검출기를 가능하게 해준다. 반면에 근적외선 영역인 800-900 nm 파장에 대하여는 도핑된 실리콘(silicone)을 사용하며, InGaAs p와 n으로 도핑된 In phosphate 사이에 샌드위치의 헤테로 구조도 사용한다.

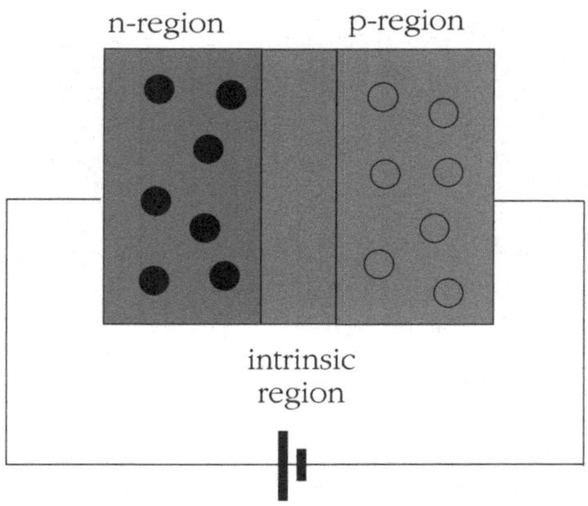

그림 7-9. p-i-n 광다이오드

7. 광학 칩

1. 순광학 장치

반도체에 의하여 광원, 광섬유, 광검출기를 만들 수 있으므로 빛만으로 구현하는 광통신을 이룰 수 있다. 레이저 다이오드와 발광 소자로 정보를 전송하는 데 필요한 광원을 만들 수 있고, 광섬유로 그 정보를 전송할 수 있으며, 다른 끝에서 정보를 읽을 수 있는 광검출기도 있다. 그러나 아직도 연산 장치는 전자 소자에 머물러 있어서 전체 과정이 순수한 광학식은 아니다. 전자와 광자의 결합 기술을 광전자(optoelectronic)라고 한다. 그러나 이렇게 된 구조가 이상적은 아니다. 콤팩트(compact)하지도 견고하지도 않을 뿐 아니라 성능(연결 부위에서 정보의 손실이 가능하다)과 신뢰도도 만족할 만하지 않다. 다음 발전은 한 칩 위에 광학 소자와 광통신 소자를 한꺼번에 결합하여 모두 광신호로 처리하는 단계이다.

만일 칩 위에서 광학적 정보 처리 소자가 논리적 연산을 하려면 회로로 그것을 연결해 주어야 한다. 즉, 장거리 통신에서 광신호를 안내(guide)하듯이 칩 위에서 광신호를 현미경적으로 안내해야 한다. 한 가지 방법은 공간을 통해 전달하는 것이다. 이 방법의 장점은 간단하고 매체에 의한 신호의 흡수 손실이 최소가 된다. 그러나 장치가 매우 정밀해야 한다. 칩 사이에 아무런 물리적 장치가 필요 없기 때문에 광통신 집적 회로에서 아주 매력적인 방법이지만, 아직은 해결할 일이 많이 남아 있다.

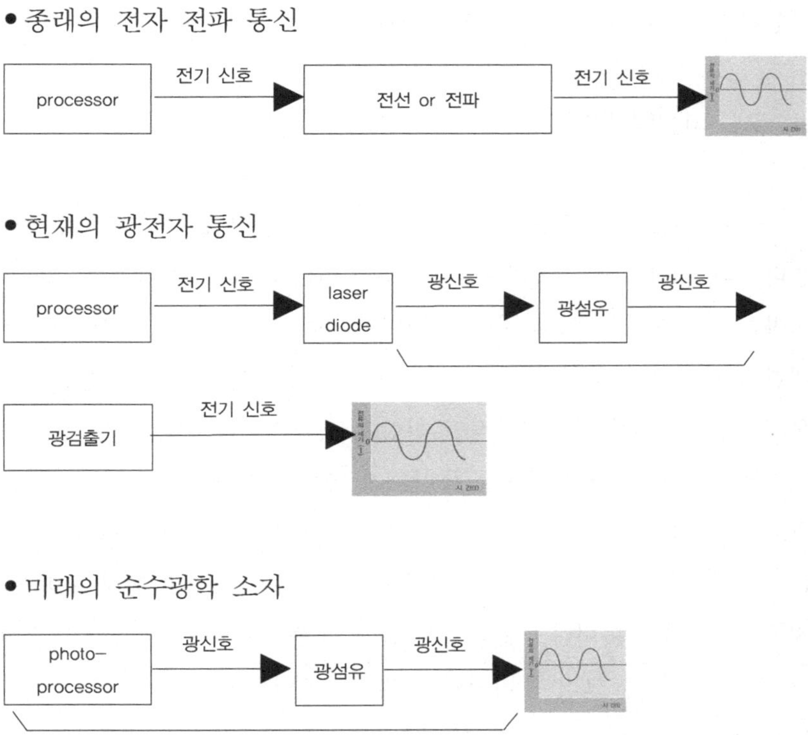

그림 7–10. 통신의 발전

실제적으로는 광섬유를 미세화한 광도파로(waveguide)를 사용하는 것이 더 편리하다. 보통 광도파로는 주위 매체보다 굴절률이 더 높은 재료를 사용하는데 그 굴절률의 차이가 클수록 빛의 손실이 적다. 주위의 매체가 공기일 수도 있다. 광도파로 재료로 평편하게 증착하고 사진석판술(photolithography)로 에칭해 내어 원하는 회로를 만든다. 전자 회로를 만드는 방법과 같은 식이다. 광도파로 재료로는 실리카(silica)나 실리케

이트 유리(silicate glass) 또는 III-V 반도체 GaAs/InP이나 타이타늄(titanium), 수소로 도핑한 결정성 리튬 나이오베이트(lithium niobate)를 사용한다. 최근에는 사출 성형이나 표면 처리가 간편한 유기 고분자를 사용하려는 시도가 이루어지고 있다.

2. 비선형 광학

광학 회로를 만들기 위해 전자 소자가 하는 모든 일을 할 수 있어야 한다. 즉, 정류하고 증폭하는 일을 해야 한다. 그러려면 광학적 비선형성이라는 특성을 이용해야 한다. 비선형이라는 말은 기술 용어로서 자극에 대한 응답이 선형적이지 않다는 뜻이다. 전등의 조절 단추를 돌려 올리면 불빛은 더 밝아진다는 일반적인 현상은 선형적이다. 이런 단순한 현상과 다르게 반응하여 조절 단추를 올리는데 거꾸로 작아졌다가 다시 커지기도 하고, 멈춘다거나 터져 버린다든지 하는 것이 비선형 응답이다. 사실은 모든 것이 그 한계를 넘어서면 비선형 응답을 한다. 비선형 현상은 바람직하지 않은 것이 보통이다. 예를 들어 음악 증폭기에서 너무 소리가 크면 째진 소리가 난다. 그러나 비선형 효과가 늘 나쁜 것만은 아니다. 일부러 그 효과를 사용하기도 한다. 다이오드는 비선형 전자 소자의 한 예이다. 구동 전압이 임계치보다 낮으면 꺼지고 높으면 켜지므로 스위치로 쓸 수 있다. 트랜지스터는 신호를 증폭하기도 하면서 다이오드보다 더 발전된 형태로 작동한다. 이런 방법으로 비선형 광학 재료는 스위치처럼 작용해서 광선으로 다른 빛의 경로를 인도하거나 조절한다. 근본적으로 비선형 광학 현상은 전기장에 의하여 전하를 띠기(극성화)가 쉽기 때문에 생긴다.

정보 처리 회로에서 가장 중요한 부분은 스위치 역활을 하는 트랜지스터일 것이다. 한 전자가 다른 전자를 조절함으로써 전자에서 스위치가 가능하다. 이것은 광자에서도 마찬가지다. 한 광선이 다른 광선을 조절한다.

전기장을 이용하여 광선을 인도하는 방법도 있을 수 있다. 이런 광전자 소자(optoelectronic device)는 재료의 굴절률이 전기장에서 변하는 광전 효과(electro-optic)라고 할 수 있는 비선형 광학 효과를 이용해서 만든다.

광전 효과는 광신호를 변조, 즉 광신호를 불연속적으로 상승시키거나 디지털 펄스(digital pulse)나 펄스(pulse) 신호의 주파수를 변화시키는 소자에 사용된다. 이런 변조기는 비선형 광학 재료의 굴절률에 전기장의 영향을 주는 장점이 있다. 마흐-젠더 간섭계(Mach-Zehnder interferometer)라고도 하는 변조기에서 입사 레이저 광선은 두 개로 나누어져 비선형 광학 재료의 구분된 두 광도파로로 들어가 나중에 나오면서 만나게 된다. 그 가지 중에서 하나에 전력이 걸리면 그 굴절률이 변하게 되어 그 광도파로를 지나는 광선이 약간 느리게 된다. 끝에서 두 광선이 다시 만날 때 그들의 봉우리(peak)가 맞지 않아 서로 충돌하여 상쇄된다. 만일 한 채널의 굴절률이 다른 쪽 광선을 상쇄시킬 만큼 충분히 느려지면 그 두 광선이 다시 만났을 때 완전히 상쇄되어 스위치가 꺼지게 될 것이다. 이렇게 전압을 변화시켜서 광선이 같은 주파수로 변조될 수 있다.

이런 광섬유 소자는 두 개나 여러 개의 펄스 신호를 하나의 펄스 흐름으로 변환하여 광섬유로 송신하는 광학 신호의 다중 송신(multiplex)에 이용된다. 다른 끝에는 역시 NOLM을 사용하여 해다중화(demultiplex, 다중화된 신호를 다시 각각의 개별 신호로 푸는 것) 할 수가 있다.

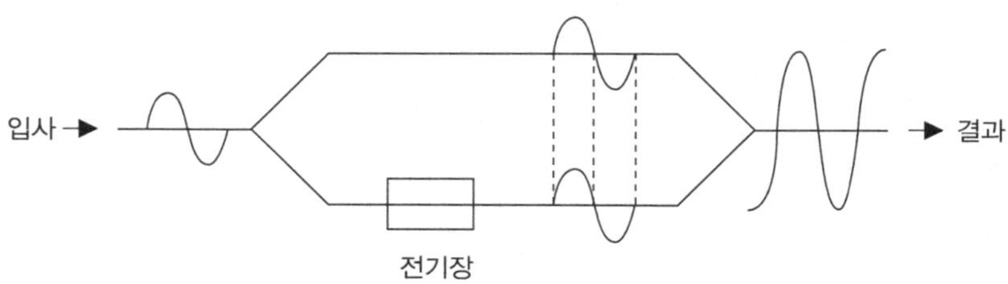

그림 7-11. 마흐-젠더 간섭계 광변조기

Chapter 08

정보 저장

저장 장치의 발전은 현란하고
가격도 너무 저렴해졌다.

1. 정보 저장 기술의 발전

정보 저장은 카세트테이프(cassette tape), 비디오테이프(video tape), 하드 드라이브(hard drive)로 발전해 왔는데 아직까지는 모두 2차원적 자기식이다. 정보 저장은 충실도, 견고도, 신뢰도 등이 중요하다. 이젠 지금의 방식으로 저장하는 데는 한계에 다다랐으므로 새로운 기술이 필요하다고 말들을 한다. 지금까지 자기식 정보 저장 산업은 비약적인 발전을 거듭해왔으나 지금은 거의 사양화되고 있다. 기록 밀도는 지난 10년간 크게 발전했다. 그러나 이제부터의 정보 혁명에는 새로운 기록 방식과 새로운 재료가 필요하다. 광학적 저장이 미래의 기록매체가 될 것이다. 광학적 저장은 선형 또는 고작해야 2차원적 기록인 자기 기록과는 달리 3차원적인 새로운 종류의 기록이 가능할 것이다.

2. 테이프로 시작

거의 모든 기록 매체는 자기식이며, 이론적으로 밝혀지고 오랜 후에 실용화가 이루어졌다. 1898년 덴마크의 폴센(Valdemar Poulsen)이 텔레그라폰(telegraphone)을 발명했으며, 철선을 자기 매체로 사용하여 소리를 녹음하였다. 이 자기 녹음 기술을 이용하여 1930년대에 독일의 AEG 텔레푼켄(Telefunken)사가 마그네토폰(magnetophone)이라는 이름으로 상업화하는 데 성공했는데, 다른 독일 회사 BASF가 개발한 자기 테이프를 사용하여 소리를 녹음했다. 이 기술은 2차세계대전 중 독일에서 방송용으로 사용되었다.

그림 8-1. 텔레그라폰, 철선을 기록 매체로 사용하는 최초의 녹음기

전쟁 후에 다른 나라에서도 비슷한 기술이 상업화가 이루어졌는데, 캘리포니아의 앰펙스(Ampex)사가 대표적인 예였다. 음질은 아주 좋아졌고 1964년에 개발된 플라스틱으로 포장된 소형 녹음 테이프로 발전되었다.

그림 8-2. AEG 마그네토폰(1935)

3. 이진법

정보를 저장할 때는 전기를 끊고 넣는 조절이 가능하기 때문에 on-off를 기호로 사용하는데 정보의 최소 단위, 즉 on-off 하나가 1 bit다. 이 1 bit로는 두 가지 정보밖에 나타내지 못한다. 숫자만 표현하려고 해도 0,1,2,3,4,5,6,7,8,9, 즉 10개의 숫자를 표시하려면 on-off만 가지고는 안 된다. 2개의 조합으로 2^2면 4개의 기호를 표현할 수 있고, 3개의 조합이면 2^3=8개의 기호가 가능하다. 그러므로 2^4=16, 즉 4 bit가 있어야 겨우 숫자를 표기할 수 있다. 영어 글자를 표현하려면 26자 소문자 대문자이므로 모두 52개의 구분가능한 기호가 필요하다. 그러므로 영문자와 숫자만 표시하려 해도 62개의 기호가 필요하다.

$2^x > 62$여야 하니까 x는 6은 되어야 한다. 문장 부호와 여러 기호까지 포함하여 넉넉하게 8승을 하면 256개의 기호를 표시할 수 있다. 이것이 8 bit고 이것을 1 byte라고 한다. 사진같이 더 복잡한 정보의 경우 엄청나게 많은 조합이 필요하지만 그런 경우는 흔치 않다. 텔레비전 화면 같은 경우도 작은 화소로 나누어서 각 화소에 한 개의 이진법 부호를 부여하고 하나의 화소마다 빨강, 파랑, 초록을 도입하면 컬러를 구현할 수 있다. 정보저장 소자는 기본적으로 세 가지 부분으로 이루어진다. 이진법적 정보를 담는 매체와 기록하는 장치, 읽어내는 장치다. 이전 정보를 지우고 덧쓰는 기능이 있으면 더 좋다. 소리 녹음 테이프는 지우고 덧쓰기가 쉽지만 CD-ROM은 그렇지 못하다(ROM이란 말이 Read-Only-Memory다).

4. 자성 재료

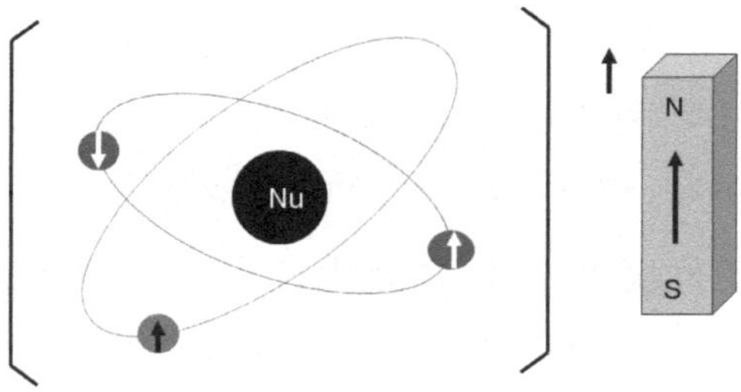

그림 8-3. 자성의 원리

자기 재료는 정보 저장에는 이상적이다. 왜냐하면 외부의 자기장에 의하여 N-S극의 극성을 바꿔서 1 또는 0을 나타내는 것이 가능하기 때문이다.

2000년 전에 lodestone(leading stone, 자기를 띤 산화 철)이라고 부르던 나침반이 발명된 후, 길버트(William Gilbert)가 1600년에 'De Magnete'라는 책에서 지구가 거대한 자석임을 밝혀내고, 19세기에 들어서서 패러데이(Michael Faraday)가 자기와 전기는 서로 전환되며, 전기가 흐르면 자기장이 생기고, 전류를 바꾸어 자기장을 바꿀 수 있다는 것을 밝혀 내었다. 대부분의 기록이 자기식이다. 자석 하나가 1 bit의 정보를 나타낸다.

원자 하나가 자석이 될 수 있다. 보통 원자에서는 쌍을 이루는 전자들이 서로 반대 방향의 스핀(spin)을 가지고 궤도를 돌므로 자기장을 상쇄시킨다. 그러나 전자가 쌍을 이루고 있지 않다면 자기장을 만들 것이다. 순수금속이나 천연 산화물의 원자는 보통 홀수의 전자를 갖는다. 이런 것이 자성을 띠게 된다.

그러나 이런 자성은 잠재적인 것이다. 쇠못이 자기 모멘트(moment)를 가진 잠재적 자기 재료인 쇠로 만들어졌지만 항상 자석은 아니다. 왜일까?

쇠의 경우도 각 원자의 자기 모멘트가 어느 방향으로도 있을 수 있다. 자석을 모두 같은 극방향으로 놓으면 그 자석들은 함께 뭉쳐 있지 못하고 각자가 돌면서 전체 자성을 상쇄하는 배열을 한다.

크로뮴(chromium)이나 망간 같은 금속들은 그림 8-4와 같이 교대 방향으로 배향하려는 경향이 크다. 이렇게 교대 방향으로 배향하는 것을 반강자성(antiferromagnetism)이라고 한다. 물론 이렇게 배열하는 것이 일반적으로 안정하다.

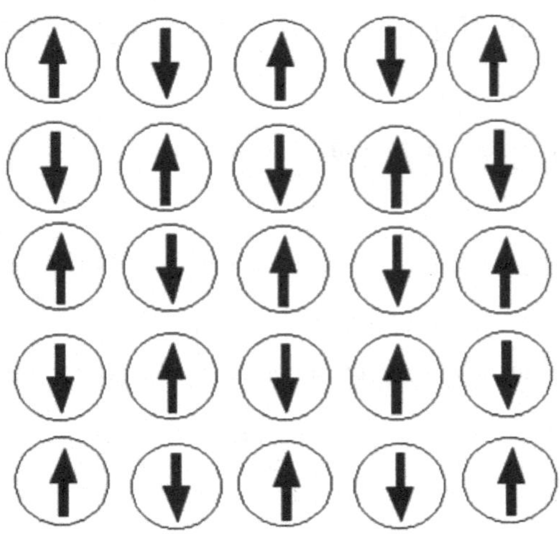

그림 8-4. 반강자성의 구조

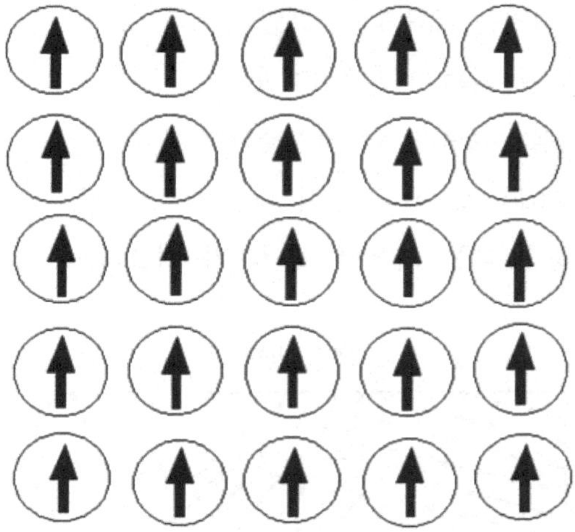

그림 8-5. 강자성의 구조

만일 그림 8-5와 같이, 같은 방향의 스핀을 가지는 원자가 모여서 물체를 이룬다면 그 물체는 자석이 된다. 철과 니켈 같은 특정 금속에서는 같은 방향으로 배향하는 경향이 크다.

이렇게 같은 방향으로 배향하는 것을 강자성(ferromagnetism, ferro는 철)이라고 한다.

쇠는 강자성을 갖는 금속이다. 그런데 보통 쇠못은 자석이 아니다. 쇠못에 강한 자석을 대면 자성을 띠지만 이런 자성도 잠재적인 것이다.

왜 이런 일이 일어날까?

물론 쇠는 강자성 물질, 즉 ferromagnetic한 물질이다. 자석은 모두 같은 극방향으로 배향한다. 그러나 쇠의 경우도 자연히 교대로 배향하여 전체 자성을 상쇄하는 배열을 하려고 한다.

쇠못에서 모든 원자들의 자기 모멘트들이 같은 방향으로 배향하는가? 이상적인 조건에도 불구하고 사실은 그렇지는 않다. 전체에 걸쳐 배향이 일정하게 되지는 않는다. 그림 8-6과 같이 몇 마이크로미터(micrometer)밖에 안 되는 작은 영역(domain)들로 나누어져 각 영역 안에서는 같은 배향을 이루더라도 영역들끼리는 모두 같은 배향을 이루지는 못한다. 영역벽(domain wall)에서 배향이 어긋나는 결합들이 있게 된다. 그것을 교정하는 데는 엄청난 에너지가 필요하므로 그런 일은 거의

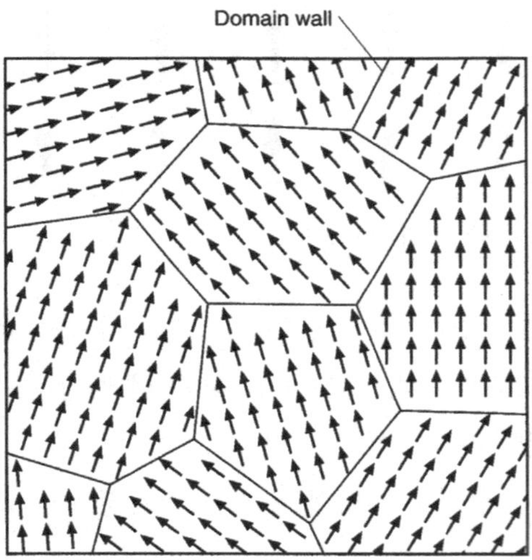

그림 8-6. 다결정의 미세영역 구조

일어나지 못한다.

그러나 강한 외부 자기장에 놓이게 되면 그것이 바뀐다. 즉, 쇠못도 자성을 띤다. 그림 8-7과 같이 외부 자기장이 충분히 강하면 철의 모든 원자들의 자기 모멘트들이 외부 자기장에 맞춰지게 되기 때문이다. 영역벽은 파괴되어 모든 원자들의 모멘트가 같은 배향을 한다. 만일 외부 자기장을 제거해도 쇠못의 완전한 일정 배향이 유지되고 그것을 되돌리지 못하면 영구자석이 된다.

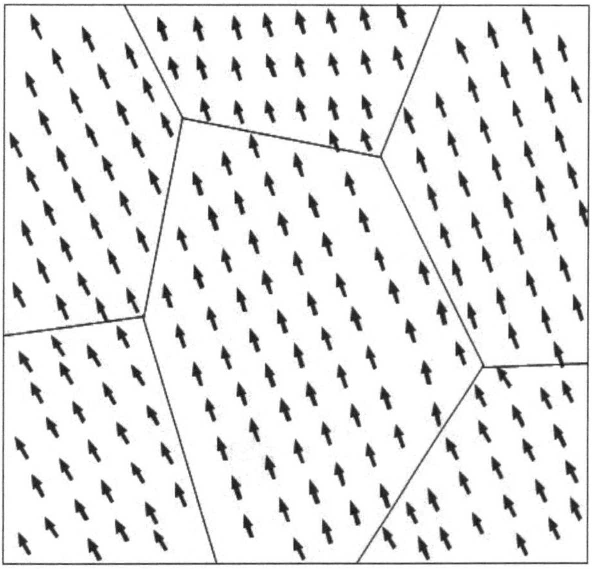

그림 8-7. 임시 자석의 미세영역

이렇게 얻은 자성도 시간이 지나고 특히 높은 온도하에서는 더 빨리 자성을 잃게 된다. 온도가 높으면 그 효과도 커져서 섭씨 770도에서는 순간적으로 모든 배향을 잃는다. 이런 온도를 이 현상을 처음 발견한 사람의 이름을 따서 퀴리 점(Curie point)이라고 한다.

5. 자기 기록

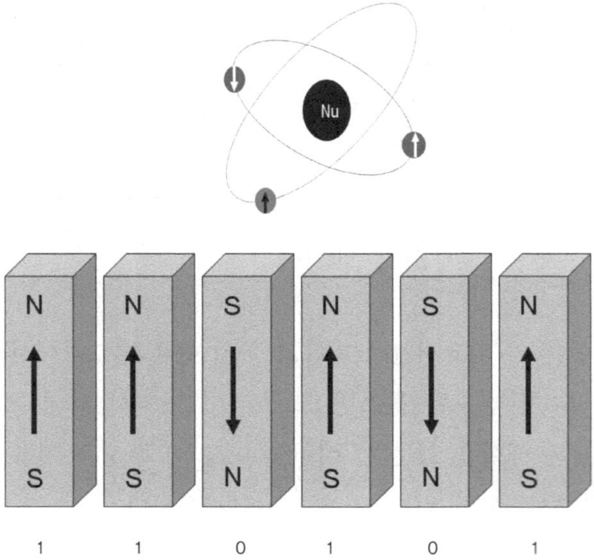

그림 8-8. 자기 기록

자석은 하나의 정보를 기록할 수 있다. N-S극성을 1, S-N극성을 0으로 하면 디지털(digital, 이진법) 기록이 가능하다. 물론 철이나 산화 철 강자성(ferromagnetic) 재료의 얇은 층의 한 부분에 강한 자기장을 걸어서 그 부분의 배향을 바꾸면 기록을 바꾸는 것이 된다(물론 퀴리 점 이하의 온도에서).

필름에 자기 신호를 기록하는 재료는 1930년에 개발되었는데 종이 테이프에 강자성 쇠가루를 입힌 것이었다. 그러나 순수한 쇠가루는 녹이 슬 뿐만 아니라 발화하는 위험이 있기 때문에 곧 산화 철가루로 대체되

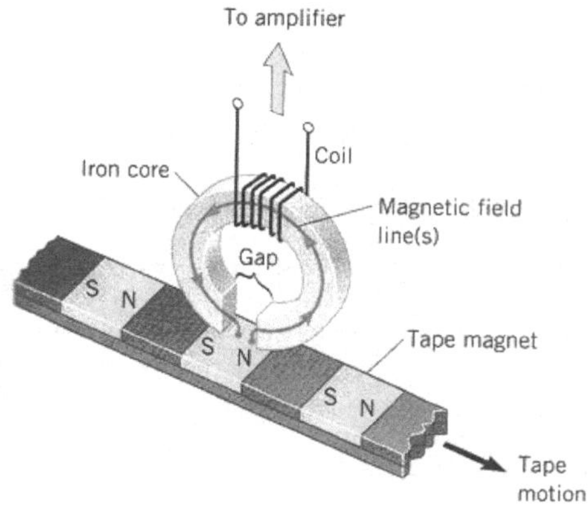

그림 8-9. 녹음 테이프 구조

었다. 종이 테이프도 곧 BASF가 개발한 셀룰로스 아세테이트(cellulose acetate)로 대치되었고, 지금은 일반적으로 폴리에스터를 사용한다. 열에 의한 팽창 수축이 비교적 적기 때문에 셀룰로스 아세테이트나 폴리에스터를 사용하는 것이다. 그렇지 않다면 음악을 녹음한 테이프가 여름엔 늘어져 음악이 느려지고 겨울엔 수축하여 음악이 빨라질 것이다.

정보는 기록용 헤드(head)로 테이프에 기록된다. 헤드는 자기장을 만들어 쓸 부분의 배향을 바꾼다(자기화 부분의 크기는 자기 재료 입자보다 크다).

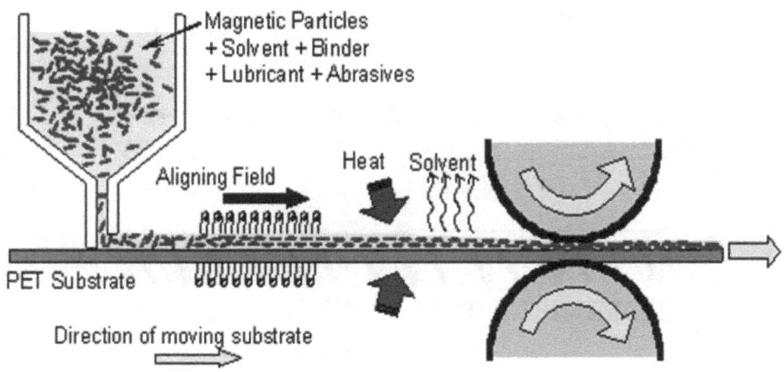

그림 8-10. 녹음 테이프 제조 공정

자기 기록 방식은 전자기 유도 현상을 이용한 것이다. 현재 대부분의 기록용 헤드에는 철 같은 자성 재료 막대 위에 감아져 있는 전자석인 코일이 있다. 그 코일에 전기가 흐르면 중심 막대에 자기장이 생성된다. 전기가 반대 방향으로 흐르면 반대 극의 자기장이 생긴다. 기록 재료에서의 자기 모멘트의 방향은 기록용 헤드에 있는 간격을 가로지르는 방향으로 스스로 배향한다. 그림에서 보면 배향 방향이 왜 기록 매체 면에 평행하게 되는지 알 수 있다.

이것을 다시 읽어내기 위해서 같은 과정을 역으로 거친다. 기록매체의 자화된 부분은 한 극에서 다른 극으로 자기장 선(line)의 흐름이 생긴다. 이 흐름 선은 판독 헤드의 중심 막대에 기록용 헤드에서와 마찬가지의 자화를 유도한다. 이 유도 자화 방향이 바뀔 때마다(기록 매체의 자화된 헤드가 지나간 반대 방향의 배향을 갖는 부분 사이의 계면), 헤드의 중심 막대에 감긴 코일선에서 전류가 유도된다. 판독용 헤드는 바로 밑에 있는 기록 매체의 자화가 변화할 때만 즉, 한 자화된 영역에서 다른 영역으로 지나갈 때만 전기 신호 펄스를 만들기 때문이다. 얇은 자기 테이프에의 자기 기록은 두 가지 다른 방향이 가능하다. 초기엔 테이프 방향에 평행하게 기록했다. 그 후 기록 밀도를 높이기 위해 그림 8-11처럼 테이프 방향에 직교하게 자기를 배향시켰다. 이것은 헤드의 디자인을 바꾸면 가능하다. 기술적으로 좀 더 어렵지만 극복하였다.

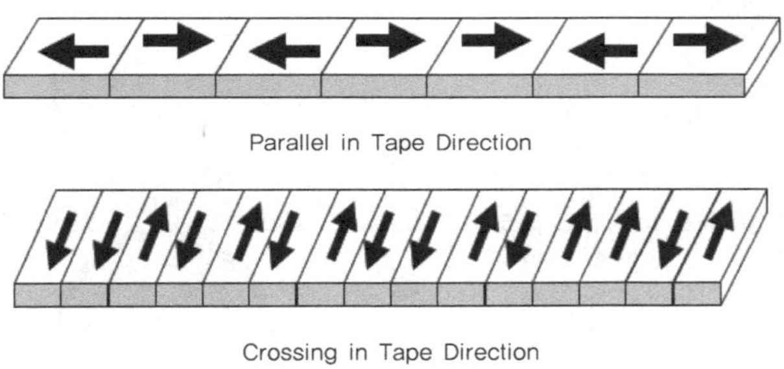

그림 8-11. 테이프 방향 또는 테이프 직교 방향 자기 기록

6. 고밀도화

1. 자기소거

수년간 기록 밀도는 엄청난 발전을 보여왔다. 무엇이 이런 폭발적인 발전을 가능하게 하는가? 데이터(data)는 극성이 서로 다르게 자화된 일련의 영역으로 기록된다. 이론적으로는 자화 영역을 작게 할수록 기록 밀도를 높일 수 있다. 그러나 자기 기록에서 이웃한 자기 영역의 자기장이 이웃의 영역들에게 영향을 주기 때문에 영역들 사이에 기록하지 못하는 계면이 존재하게 된다. 이 계면을 전이 영역이라고 한다. 이 전이 영역의 넓이를 줄여서 저장 밀도를 높인다고 생각할 수도 있지만 그 계면의 크기를 무작정 줄일 수는 없다.

전이 영역을 극단적으로 적게 하여 아예 전이 영역이 없으면 어떻게 되는가?

양쪽의 자기장이 가운데 낀 영역의 자기장에 영향을 주어 자화시키게 되는데, 이것을 자기소거장(demagnetizing field)이라고 한다. 양쪽의 자기장이 가운데 낀 영역의 자기장을 바꾸기도 할 것이다. 그러므로 전이 영역을 작게 만들수록 이웃의 자기장의 영향을 받아 극성이 바뀔 경향은 더 커질 것이다.

만일 전이 영역을 더 좁게 하면 이웃하는 극들끼리 가까워질 것이고, 가까울수록 이웃하는 영역에 영향을 주어 배향을 바꾸려는 경향은

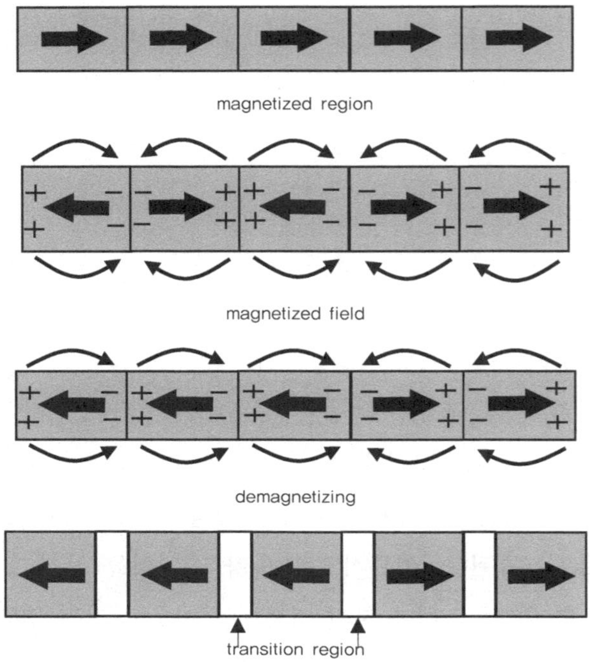

그림 8-12. 자기소거(demagnetizing)를 피하는 전이 영역

더 커질 것이다. 원래 기록된 내용이 옆의 다른 극성으로 자화된 기록 영역 때문에 내용이 바뀔 수도 있을 것이다. 실제로 이러한 역전이 일어나는가(즉, 정보가 바뀌는 공정) 아닌가는 보자력(coercivity, 억지로 자성을 유지하는 성질)라고 부르는 자성 재료의 물성에 달려 있다. 그 성질은 배향을 바꾸는 데 요구되는 자기장의 세기로 측정한다. 보자력이 큰 물질은 역전에 대한 저항이 크며, 그래서 전이 영역을 더 얇게 만들 수 있게 해주어 저장 밀도를 크게 해 준다.

2. 산화 철

고밀도 자기 기록 재료에 대한 연구는 바로 이 보자력에 대한 연구라고 할 수 있다. 산화 철은 가장 먼저 개발된 보자력이 큰 물질이다. 산화 철(정확히 γ-Fe_2O_3)의 보자력은 자기 기록에 쓸 만큼 충분하지만 지금은 더 좋은 재료들이 밝혀져 있다.

3. 이산화 크로뮴

이산화 크로뮴(chromium dioxide)는 산화 철보다 더 큰 보자력을 가지고 있어서 소리 신호를 더 적절하게 보존하기 때문에 고품질 음악 녹음용으로 쓰인다.

4. 금속 테이프

만일 더 높은 품질의 소리 저장을 원한다면 순수한 철을 기록 매체로 사용한 금속 테이프(metal tape)를 사용한다. 순수한 철은 산화 철보다 보자력이 훨씬 더 높다. 그러나 순수한 철은 산화되기 쉽고(즉, 순수한 철 가루는 발화하기 쉽다), 테이프에 분산 도포하기도 어려워 먼저 알려졌지만 늦게 개발되었다.

5. 코발트-니켈

현재 자기 기록 테이프나 디스크는 괄목할 저장 밀도의 발전을 나타냈다. 새로이 개발되는 재료는 합금 박막(continuous thin film of metal alloy)인데 그중에서도 코발트-니켈(cobalt-nickel) 합금 박막의 보자력이 입자 기록 매체에서 사용하는 철이나 이산화 크로뮴보다 더 높기 때문에 더 높은 저장 밀도를 구현한다.

알루미늄 기저 위에 코발트-니켈 박막을 사용한 디스크가 하드 디스크 시장의 반 이상을 점하고 있다.

7. 수직 기록

더 높은 저장 밀도를 얻기 위해서는 자화 영역의 크기를 줄여야 한다.

❶ 보자력이 높은 재료를 사용하여
❷ 자화 영역을 줄여야 하는데,

그 방법으로는

❶ 헤드 크기를 작게 하여 자화 판독 크기를 작게 하고
❷ 반도체 패턴(pattern) 공정을 응용한다.

그런데 영역들이 작을수록 두 영역 사이의 간격도 작아지며, 자기소거장(demagnetizing field)에 의하여 배향이 되돌아가는 경향이 커진다.

문제 해결 방안의 하나는 수직 기록을 사용하는 것이다. 이렇게 하면,

❶ 반대 배향이 인접해 있어도 같은 극이 인접하지는 않는다.
❷ 자기소거장이 작아지며 기록 밀도가 높아진다.

수직 기록을 위한 헤드를 설계하는 방법 한 가지는 기록 매체 아래 위에 두 개의 자화 헤드를 설치하는 것이다(그림 8-14). 한 헤드는 보조

극(auxiliary pole)으로서 기록 매체 밑에 설치되어 코일에 의해 자기가 유도되어 기록하게 된다. 보조극에 의하여 유도된 자기장은 그 자체로서는 기록 매체의 자기 배향을 바꿀 수 있을 만큼 크지 않지만 다른 헤드(기록 매체 위에 가까이 얹어있는 주극 main pole)를 자화시킬 만큼은 된다. 자기장 흐름 선이 밑에 있는 보조극에서 나와 위의 주극으로 닿아서 이 두 극의 합쳐진 힘으로 기록 매체의 한 영역을 배향시킨다. 하드 디스크도 이런 원리로 기록 판독한다.

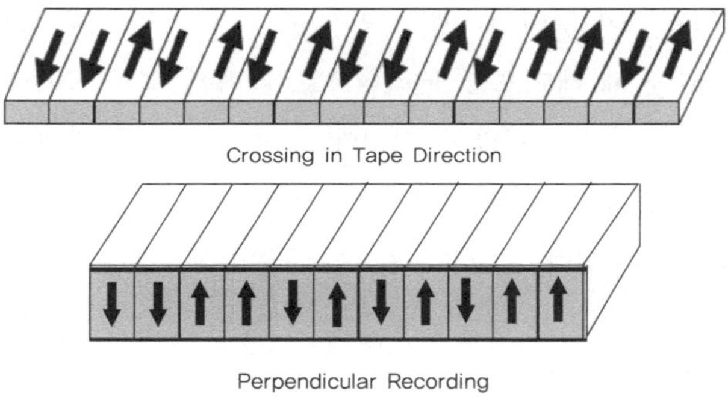

그림 8-13. 수직 기록

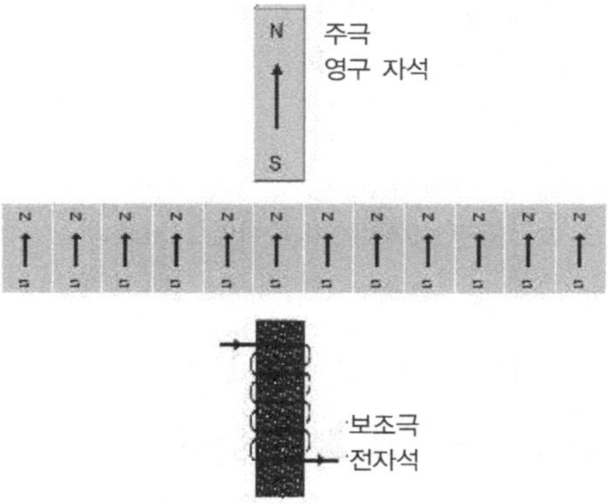

그림 8-14. 수직 기록의 주극과 보조극

8. 2차원 기록

1차원 형태로 기록된 정보 중에서 원하는 정보를 찾기 위해서는 테이프를 지나다니면서 찾아야 한다. 현재 헤드가 앞부분에 있고 찾을 자료는 뒤쪽에 있을 때 테이프를 물리적으로 돌려서 그곳까지 헤드를 끌고 가야 한다. 그래서 시간이 많이 걸린다. 그러나 2차원 형태의 디스크는 기록과 판독이 훨씬 더 효율적이다. 기록용이나 판독용 헤드가 원하는 자리로 바로 갈 수 있다.

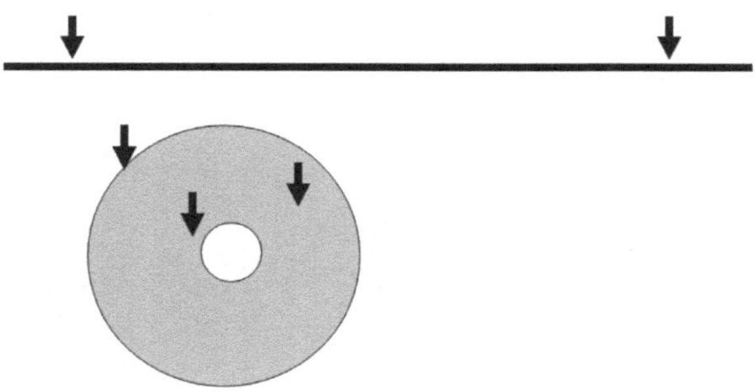

그림 8-15. 1차원 기록과 2차원 디스크 기록

현재 실용화된 하드 디스크는 자기 기록 매체의 1인치당 수십억 bit (타이프 친 종이를 10m 높이로 쌓은 정보량에 해당한다)를 저장할 수 있다. 이러한 정보의 밀도는 실시간 판독이 가능해야만 쓸 수 있는 것이다. 현재의 판독 장치는 초당 수백만 글자를 읽는다. 이러려면 디스크 표면을 시속 100마일로 달려야 가능하다.

동영상과 소리를 포함하여 원하는 것은 무엇이든지 보여주는 백과사전 CD-ROM을 보면 그 저장 능력이 무한대인 것처럼 보인다(사실 CD-ROM은 광학 기록이고 자기 기록이 아니지만 자기 기록인 하드 디스크라도 마찬가지다).

9. 광자기 기록

자기 기록인 하드 디스크는 여러 개의 트랙이 있고 각각의 트랙은 일정한 수의 섹터를 갖고 있다. 여기서 모든 섹터의 길이가 같지 않고 디스크의 가운데로 들어가면서 점차 섹터의 길이가 짧아진다. 그것은 동심원을 그리며 구성된 섹터의 크기를 360도의 각도로 나누어 구별하기 때문이다. 그래서 같은 섹터의 크기가 외각에서는 넓고 안으로 들어갈수록 작아지는 식으로 불균일하다. 하지만 광자기 기록(optiomagnetic disc)인 CD/ CD-ROM 상에는 트랙은 단 하나 존재할 뿐인데, 이 트랙이 바깥쪽부터 소용돌이처럼 나선형을 그리면서 중심을 향해 돌아간다. 그 단 하나의 선으로 연결된 하나의 트랙에 일정한 간격으로 섹터가 구분되어 있다. 그러므로 모든 섹터의 크기가 일정하게 되어 더욱 낭비가 없이 고밀도로 사용할 수 있다.

1. CD-ROM

기존의 자기 기록 기술은 전자 정보를 기록하는 데 적합한 기술이다. 그러나 전송을 빛이 담당하면서 정보 저장도 빛을 사용하는 것이 훨씬 더 효율적이라는 것이 증명되었다. 이런 기술은 이미 시작되었는데 레이저를 사용하는 CD-ROM이 그것이다. 확실한 장점은 높은 저장 밀도와 견고함, 빠른 액세스(access) 속도다(펼쳐진 표면에서 2차원적으로 찾으니까).

ROM은 Read Only Memory, 그러니까 지우고 다시 쓸 수 없다는 것이다. 음악 저장에는 큰 문제가 안 되어 이미 큰 성공을 거두고 있지만 정보저장에서는 치명적이다. 또 하나는 자기 디스크에 비하면 아직도 읽는 속도가 떨어진다는 점이다.

표 8-1. CD-ROM 배속

CD-ROM 배속	최대속도 KB/sec	분당회전수(외각-내각)
1	150	200-530
2	300	400-1060
4	600	800-2120
8-12	1.2M	1600-4240
24-52	1.8-6M	2400-6360

표 8-2. 디스크 종류와 특성

디스크 종류	크기	시간	데이터	특징
CD	8cm	20분	음성	고음질, 장기간 음질 변화 없음
	12cm	74분		
Video CD	12cm	74분	영상음성	MPEG-1 압축, VHS 화질 CD 음질
DVD	12cm	135분	영상음성	대화형 메뉴, 다중 자막 가능

2. Rewritable disc

CD-ROM이 지우고 다시 쓰는 것이 안 되므로 나온 것이 광자기 기록기술이다. 이 광자기 장치에서는 정보는 아직 자기 매체로 기록되지만 기록과 판독은 빛으로 하는 것이다.

이 기록의 원리는 어떤 물질의 보자력은 온도에 따라 변한다는 것이다. 물체의 온도가 올라가면 그 보자력은 떨어진다. 그러면 자화된 배향을 바꾸기가 쉬워진다. 보통 때는 상온에서 자기 광학 매체에 자화 배향을

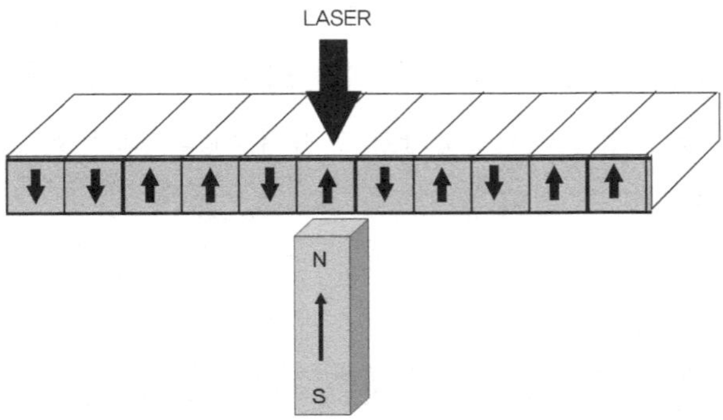

그림 8-16. 레이저 기록

바꾸지 못할 만큼 약한 자기장이 걸려 있다. 반도체 레이저 다이오드로 만든 레이저 펄스를 박막의 작은 부분에 쏘이면 그 부분의 온도가 올라가서 그 보자력이 충분히 낮아져 자화 배향을 바꿀수 있게 된다. 레이저 빔(laser beam)에 의하면 부분 온도는 섭씨 300도를 넘게 된다고 한다. 기록한 후에 레이저가 꺼지면 역전된 배향은 그대로 얼어 붙어 보존된다.

자기 광학 디스크에서 읽을 때도 같은 레이저 다이오드를 사용하지만 세기는 훨씬 약한 것을 사용한다. 레이저 빛은 편광 필터를 지나면서 빛의 전자기 진동이 단일 평면화된다. 이 빛이 자기 광학 매체에서 반사될 때 편광은 편광면을 따라서 회전한다. 이것을 커어 효과(Kerr effect)라고 한다. 회전 방향(시계방향 또는 반대)은 자성 매체의 자화 방향에 따라 달라진다. 회전 방향이 달라진 반사광으로부터 정보를 읽을 수 있다.

기록과 판독에 쓰이는 레이저 빔은 매우 작은 1 마이크로미터도 안되는 초점으로 디스크의 표면에 한 점에 기록한다. 즉, 디스크의 아주 좁은 트랙(track)에 높은 밀도로 기록되어 일반적인 자기 매체보다 훨씬 높은 저장 밀도를 갖는다.

자기 광학 소자는 또 하나의 중요한 이점이 있는데, 디스크 표면에 바짝 붙일 필요가 없이 멀리 떨어져서 작동하므로 표면 손상의 위험이 없다는 것이다. 그래서 디스크에 보호 투명막을 씌울 수도 있게 되어 내구성이 좋고 이동도 자유롭게 발전되었다.

한편 레이저 빔을 만들고 유도하고 모으기 위해 레이저 다이오드, 편광기, 렌즈, 거울 등 많은 장치가 필요하다. 각 부품들을 작게 만들 수도 있지만 헤드는 예전의 자기식에 비하여 큰 크기를 갖게 된다. 정보 자리로 이동하기 위하여 그 전체를 이동해야 하므로 자기식보다 탐색 시간이 느리게 되는 것도 당연하다. 그러나 이 문제도 광섬유를 이용하여 극복되었다.

자기 광학 기록 장치가 갖는 결정적인 문제점은 지우고 다시 쓰는 것이다. 원론적으로 지우는 것은 기록한 자기장을 되돌리는 공정이다. 즉, 레이저 빔으로 전체 트랙을 지나가며 열을 가해 그 보자력을 낮추어 걸려 있는 자기장을 되돌리는 작업이다. 즉, 무엇인가 쓰여 있는 디스크에 덧쓰기 위해서는 지우고 쓰는 두 번의 공정이 필요하므로 시간이 걸리게 된다.

그 문제를 해결하는 한 가지 방법은 데이터로 꽉 차있는 디스크를 그대로 유지하며 자기장을 걸어주면서 새로 써야 할 데이터의 코드와 전의 코드를 비교해 다른 부분만 바꿔주는 것이다.

여기에는 매우 빠른 속도로 변조할 수 있는 자기장을 디스크의 아주 작은 점에 걸어주는 것이 필요하다. 그러려면 이 자기광학식의 가장 핵심적 장점인 멀리 떨어져서 작동하지 않고 자기식과 같이 바짝 붙어서 작동해야 한다.

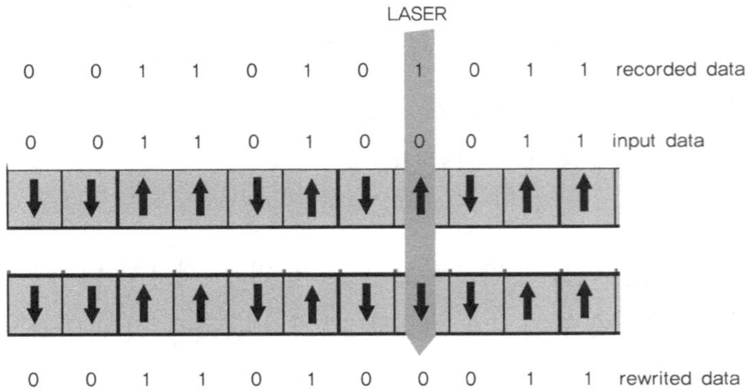

그림 8-17. 레이저 재기록 원리

그리고 기록 매체는 아주 강한 자기소거장을 갖거나 고온에서 아주 낮은 보자력을 가져야 한다. 그래서 자기소거장이 외부의 도움 없이 역전을 일으킬 만큼 강해야 한다. 이렇게 덧쓰는 기술을 사용하기 위해 두 개의 레이저 빔이 필요하다. 하나는 디스크에 기록된 데이터를 읽는 것이며, 하나는 필요할 때 역전시키는 것이다.

읽는 빔은 종전의 약한 세기로 된 읽는 빔과 같은 것인데 이렇게 읽은 데이터와 새로 쓸 내용과 비교한다.

만일 매체가 1인데 새로 0을 써야 한다면 필요한 위치에 역전시키는 빔으로 가열하고 미리 장치된 자기소거장의 도움으로 자화 배향을 바꾸어준다. 이런 시스템을 개발하는 데 결정적인 문제는 기록 매체 자체다. 온도에 따라 보자력이 큰 변화를 나타내야 한다. 지금은 전이 금속의 합금을 사용한다. 가돌리늄(gadolinium)이나 어븀(erbium) 같은 희토류 금속과 코발트-철(cobalt-iron) 합금을 사용한다.

자기 광학 매체의 저장 밀도도 자기 매체와 마찬가지로 기록할 때 사용되는 자화 영역의 크기에 의해 결정된다. 기존의 자기식은 기록용과 판독용 헤드의 설계와 자기 매체의 물성이 좌우되지만 자기 광학식은 레이저 빔을 얼마나 작은 초점으로 만드는가에 달렸다. 즉, 레이저 빛의 파장에 따라 달라지는데 파장이 작을수록 작은 초점을 만들 수 있다. 지금까지의 결과를 보면 Al-Ga-As 레이저를 사용한 적외선 레이저를 사용할 때 약 0.8 마이크로미터에 자기광학식으로 기록할 수 있고 이것은 평방미터당 천만 글자의 정보량이다.

만일 더 파장이 작은 청색 빛의 레이저를 사용한다면 기록 영역의 지름은 반이 되며 저장 용량은 네 배가 될 것이다.

3. DVD(Digital Viedo disc)

그림 8-18. DVD 앰블럼

DVD는 기본적으로 CD와 같은 원리로 기록 재생된다. 단지 DVD의 기록 pit가 CD보다 훨씬 작다. 그래서 파장이 더 짧은 레이저를 사용한다. DVD는 높은 저장 능력, 호환성이 중요하다. 1983년 CD가 개발된 후 1987년 단면 650MB, 양면 1.3GB로 개발되었고, 1994년 4배속, 1996년 24배속이 나오고 마쓰시타에서 CD-RW를 개발하고 다음해 최초의 DVD 재생기가 출시되었다. 지금은 파장이 더 짧은 레이저를 쓰고 double layer-double side로 17GB까지 기록하게 발전했다. DVD는 발전하여 온 대로 몇 가지 규격이 있다.

일반 CD에 비해 DVD는 기록 피트(pit)가 반이 채 안 되게 고밀도로 기록되어 기록 용량이 크다.

CD-ROM은 한 번 기록하면 지우고 쓰는 것이 되지 않지만, 지우고 다시 쓰는 것이 자유로운 DVD±RW는 염료를 사용한다. 기록할 점에 레이저를 쏘면 그 층의 염료가 분해되어 피트가 생기는 방식으로 기록한다.

DVD란 디지털 다목적 디스크(Digital Versatile Disc) 또는 디지털 비디오 디스크(Digital Video Disc)의 약자로서 DVD 원판의 모습은 CD와 동일하다. 크기도 모양도 똑같다. DVD는 CD와 크기는 같지만 저장할 수 있는 데이터 용량을 좌우하는 소용돌이선이 CD의 두 배 이상이나 되는 것이다.

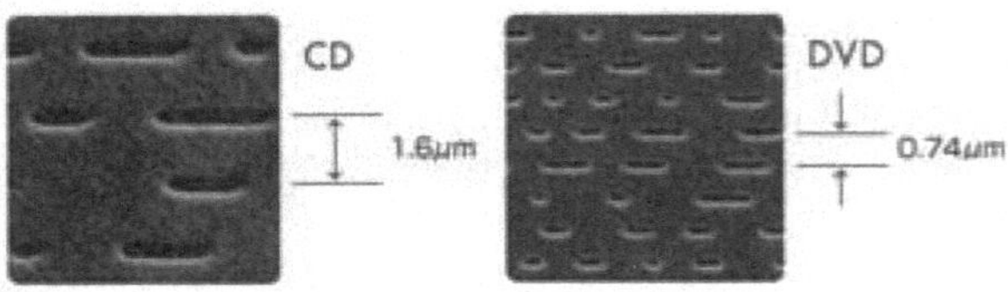

그림 8-19. CD와 DVD의 피치 비교

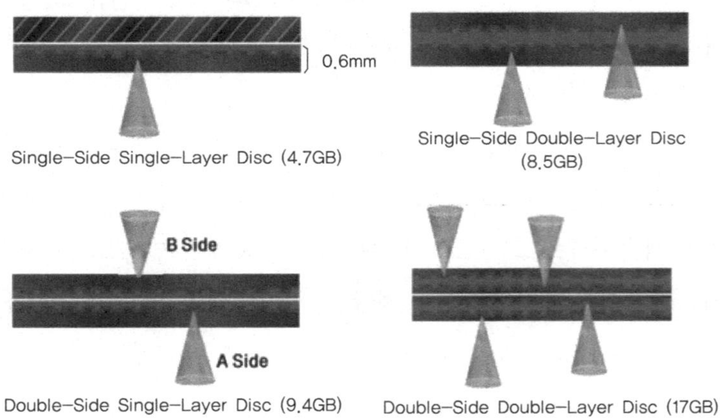

그림 8-20. DVD의 네 가지 저장 방식

표 8-3. DVD의 규격

구분	규격	저장용량GB	구분	규격	저장용량
DVD-1	8cm, SS/SL	1.36	DVD-R 1.0	12CM, SS/SL	3.68
DVD-2	8cm, SS/DL	2.48	DVD-R 1.0	12CM, SS/SL	4.38
DVD-3	8cm, DS/SL	2.72	DVD-RW 2.0	12CM, SS/SL	4.38
DVD-4	8cm, DS/DL	4.95	DVD-RAM 1.0	12CM, SS/SL	2.40
DVD-5	12cm, SS/SL	4.38	DVD-RAM 1.0	12CM, DS/SL	4.80
DVD-9	12cm, SS/SL	7.95	DVD-RAM 2.0	12CM, SS/SL	4.38
DVD-10	12cm, DS/SL	8.75	DVD-RAM 2.0	12CM, DS/SL	8.75
DVD-14	12cm, DS/ML	12.33	DVD-RAM 2.0	8CM, DS/SL	1.36
DVD-18	12cm, DS/DL	15.90	CD-ROM	12CM, SS/SL	0.635
ML=앞면은 단층이고 뒷면은 복층			CD-ROM	8CM, SS/SL	0.180

표 8-4. DVD의 배속

DVD 배속	최대전송속도 MB/sec	대응되는 CD 배속
1	1.32	9
2	2.64	18
4	5.28	36
6	7.93	54
8	10.57	72
12	13.21	90
16	21.13	144

4. ODD 장치 드라이브

디스크의 규격에 따라 사용하는 장치 드라이브(ODD, Optical Disc Drive)도 다 다르다. 이러한 DVD 디스크는 우선 기록 가능 여부에 따라

❶ 읽기 전용의 DVD-ROM. 또는 DVD 디스크

❷ 한 번만 기록할 수 있는 DVD-R, DVD+R

❸ 무한정 쓰고 지울 수 있는 DVD±RAM (DVD±RW)이 있다.

DVD-R은 한 번 쓸 수 있으나 다시 지우고 쓰지는 못하며, DVD-RW는 지우고 쓰고를 계속 반복할 수 있다.

표 8-5. ODD 장치 호환성

	CD		DVD	
	read	write	read	write
CD-ROM drive	o	x	x	x
CD-RW drive	o	o	x	x
CD-RW/DVD combo	o	o	o	x
DVD multirecord	o	o	o	o

CD나 DVD에 기록할 때 사용하는 몇 가지 방법을 다음 표에 정리하였다.

표 8-6. 디스크 기록 방식

Disc at Once	모든 데이터를 한 번에 기록, 음악 CD 양산 마스터
Track at Once	특랙씩 기록하므로 나중에 추가 기록도 가능
Session at Once	섹션 단위로 기록하고 나중에 섹션 추가 기록도 가능
Packet Write	그때그때 기록이 가능, 전용 S/W 필요

5. HD DVD와 블루레이

그림 8-21. 블루레이(bluray) 앰블럼

파장이 더 짧은 청색 레이저(405nm)를 사용하여 고밀도 고선명도 고해상도를 구현한 새 규격이다. 한 장이 27GB고 양면일 경우 50GB가 된다. MPEG-2 압축 기술을 사용하며 전송 속도는 36Mbps로서 기존 DVD에 비해 4-5배 빠르다. 소니, 파이오니어, 파나소닉, 샤프, 히타치, 필립스, 톰슨, 삼성, LG 등이 이 진영에 속해 있다.

HD-DVD도 블루레이와 같은 청색 레이저를 사용하여 고해상도를 가능케 하였으나 트렉의 구조가 조금 다르고 마이크로소프트사의 VC-1이라는 뛰어난 압축 기술을 사용하여 화질은 블루레이보다 나으나 용량은 조금 적어서 싱글 레이어의 경우 15GB, 양면일 경우 30GB가 된다. HD-DVD 재생기는 기존의 CD, DVD용 재생기 사용이 가능한 것이 장점이다. 도시바, NEC, RCA, HP, ACER 등이 이 그룹에 속해 있다.

그림 8-22. HD-DVD 앰블럼

둘 중 어느 것이 표준이 될지는 아직 판단하기 힘들다. 다만 마케팅 역량의 차이로 블루레이가 좀 앞서 있는 상황이다. 국내 제품에도 HD-DVD 전용 재생기는 생산되지 않으며 블루레이 전용, 아니면 둘 다 겸용이 생산된다.

그림 8-23. 블루레이 HD-DVD 겸용 플레이어 실제품

10. 홀로그래피

자기 광학식은 자기식과 광학식을 접목시킨 복합 기술이다. 그러나 모든 과정을 광학식으로 하면 더 간단하고 빠른 처리를 할 수 있다. 순수 광학(all-optical)식은 3차원 기록이다. 3차원이 되면 저장 밀도만 높아지는 것이 아니라 2차원적인 방식으로 한 글자씩 읽지 않고 한 페이지의 정보를 한꺼번에 읽을 수 있는 장점도 의미하는 것이다.

대부분의 광학 기록은 감광성 재료 조각에 홀로그래피(holography)로 정보를 저장하는 방식을 사용한다. 홀로그램 과학은 1940년대에 헝가

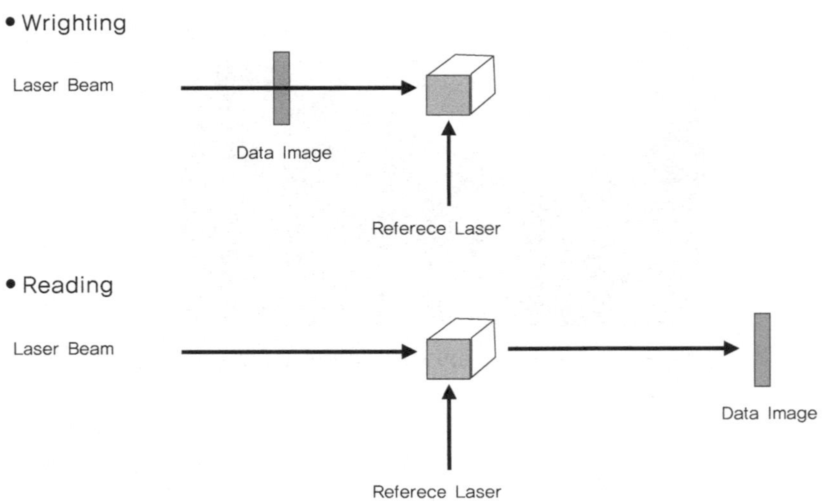

그림 8-24. 홀로그래피 기록 재생 원리

리의 물리학자 가비(Dennis Gabor)가 개발했다. 그는 레이저와 같은 특정한 광선을 둘로 나누어서 한쪽 반은 특정한 물질에 비추고 다른 반쪽 빛은 교차시키면 그 두 빛이 서로 간섭하여 그 물질의 3차원 영상을 만들게 된다. 이 간섭무늬를 사진 필름같은 감광성 물질 안에 기록시킬 수 있다. 기록은 마치 사진이 인화되는 것과 같은 원리다. 처음 기록에 사용한 빛과 같은 종류의 빛을 홀로그램(hologram)에 투사하면 이 3차원 영상은 다시 재생된다. 즉, 3차원 물체를 나타내는 모든 정보는 홀로그램에 기록했다가 레이저에 의해서 해독할 수 있다.

1960년대에 레이저가 개발되기 전에는 아이디어만 있었다. 폴라로이드사의 히어든(Pieter van Heerden)은 1963년에 최초로 홀로그래피(holography)를 이용하여 감광성 재료에 정보를 기록할 수 있다고 제안했다. 간섭 무늬의 형태로 기록하는데 그 영상의 검은 부분은 1이고 흰 부분은 0으로 2진법 정보를 기록한다. 1970년대 초에 RCA 연구진들은 리튬 나이오베이트 감광성 결정에 500개의 단순한 홀로그램을 저장시키는 데 성공했다. 1991년에 비로소 캘리포니아 공업 대학의 목(Fai Mok)에 의해 고해상도의 사진영상이 홀로그래피 재료에 저장되고 재생되는 실험이 이루어졌다.

이 기술의 강점은 기록 광선과 기준 광선의 각도만 변화시키면 여러 개의 홀로그램화된 데이터가 홀로그래피 재료의 같은 점에 한꺼번에 기록된다는 점이다. 물론 한 점에 얼마나 많은 정보를 기록할 수 있는가에는 한계가 있는데 각 홀로그램이 판독용 광선을 좁게 산란시킬수록 저장량이 많아진다. 캘리포니아 공업 대학의 프살티스(Demetri Psaltis) 연구진들은 1억 byte의 정보를 한 점에 저장시키는 데 성공했는데, 이것은 만 페이지에 해당(약 1 byte는 글자 하나에 해당)하는 것이며, 오독률은 10만분의 1 bit였다.

이 홀로그래피 기술을 상용화하기 위해서는 몇 가지 문제들을 해결해야 한다. 빠른 속도로 정보를 기록하기 위해 빛을 빨리 차단하는 광스위치가 필요하다. 그런 스위치로 쓸 수 있는 가장 가능성 높은 재료는 액정 스위치이다. 이 화소들은 공간광변조기(spatial light modulator)라고 부르는 바둑판 모양으로 정렬된다.

두 번째 문제는 인화된 기록을 지우고 다시 쓰는 것이 불가능한 것이다. 더구나 그 홀로그래피 영상이 몇 개만 되어도 그들은 서로 간섭을 일으켜 기록이 불안정하다. 이 문제를 해결하기 위해 비선형 광학 재료의 변형된 광굴절(photorefractive) 재료를 사용한다. 현재 홀로그래피 기록을 위해 광굴절 재료로 가장 널리 쓰이는 것은 무기 결정 재료로서 산화 철(ferro oxide)인데, 앞으로 가장 기대되는 광굴절성 재료는 감광성 유기 고분자이다. 광굴절성 고분자는 1990년에 캘리포니아 산호세에 있는 IBM 알마덴(Almaden) 연구센터에서 William Moerner와 Robert Twieg 연구진이 처음 시도했다. 그 후 버팔로(Buffalo) 뉴욕 주립대에서 프래서트(Paras Prasad) 팀은 전도성 주사슬을 가진 poly(N-vinylcarbazole, PVK)를 기본 재료로 이용해 전기장으로 그의 광굴절성을 조절하는 데 성공했다. 그들은 PVK 사슬에 광전 효과를 갖는 발색단을 붙이고 C60을 도핑(doping)했는데, C60은 축구공 모양의 탄소 화합물로서 60개의 탄소가 공 모양을 이룬 것이다. 이 축구공은 빛을 받으면 전하 이동체를 생성했다. 광굴절률도 50%가 넘었다.

1994년 애리조나 대학의 페이검바리언(Nasser Peyghambarian) 연구팀은 PVK 주사슬에 여러 발색단과 전하 생성기를 도입하여 그 고분자 재료가 상온에서 극성을 띠고 86%의 회절 효율을 갖게 하는 데 성공했다. 이 값은 기대할 수 있는 거의 최대값인데 왜냐하면 나머지 14%의 빛은 입사광에 의하여 흡수 · 손실된 것이기 때문이다. 그러나 아직도 남은 문제는 느린 응답 속도다. 이 문제도 곧 해결될 것이다.

Chapter 09

평판 표시 기술

얇고 가볍고 선명한 표시 장치의 개발은
우리를 설레게 한다.

1. 표시기의 발전

영상 매체의 발전에 따라 그 영상을 구현해 주는 표시기(display)도 빠르게 발전해 왔다. 1900년대에 최초의 흑백 텔레비전이 나온 이래 현재는 HD TV와 쌍방향 방송까지 눈부시게 발전해 왔다. 진공관식 브라운관에 액정표시기가 개발되면서 얇고 가벼운 TV도 개발되었고, 모든 통신을 아날로그에서 디지털로 전환하여 멀티미디어의 혁명을 일으키고 있다.

값이 싸고 색채 구현력이 좋아 아직 특정 분야에서는 경쟁력이 있는 CRT의 크고 무거운 단점을 해결하기 위해 얇고 가벼운 표시기들이 여러 기술을 응용하여 개발되었는데, 이들을 통칭 FPD(Flat Panel Display, 평판 표시)라고 한다. 지금 평판 표시기의 주종을 이루는 액정을 이용한 LCD, 밀폐 공간에 He/Ne/Xe등의 기체를 담고 전압을 걸어 방전 플라스

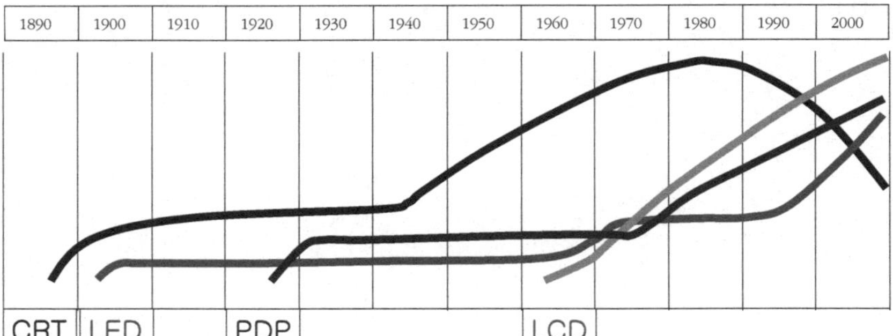

그림 9-1. 표시기의 발전

마를 발생시켜 형광체를 통해 가시광을 발생시키는 PDP, 발광 다이오드를 이용한 LED 등이 있다.

표 9-1. CRT와 LCD 비교

	34" CRT	32" LCD	비교
두께	60 cm	11 cm	~ 1/6
무게	90 kg	20 kg	~ 1/5
소비 전력	200 W	120 W	~ 1/2

평판 표시로도 LCD, PDP, LED(OLD) 등이 각축을 벌이고 있고 새로운 장치도 나오는 등 앞으로의 전망을 이야기하기가 어렵다. 대략 이들 기술을 비교하여 보았다.

표 9-2. 각종 표시기들의 성능 비교

구분	대형화	해상도	Full color화	화질	구동 전압	중량	두께	가격
LCD (PM TYPE)	△	○	○	×	◎	◎	◎	○
LCD (AM TYPE)	○	◎	◎	○	◎	◎	◎	△
CRT	◎	◎	◎	◎	×	×	×	◎
LED	○	◎	×	◎	△	○	△	△
PDP	◎	○	△	○	△	△	○	○
VFD	○	△	○	○	○	△	○	○
◎ 우수 ○ 양호 △ 보통 × 미흡								

표 9-3. 표시기들의 장단점 비교표

이름		장점	단점
CRT	발광	높은 휘도 넓은 시야각 흑백의 경우 마스크가 필요 없어서 화소 크기 제한 없음 컬러의 경우 화소 최대 크기 0.2mm 일반형 저렴 저렴한 컬러 구현 작동 온도 범위가 큼 적당한 수명(20khrs+)	높은 구동 전압(5kV to 20kV+) 무겁다 두껍다 브라운관이 깨지기 쉬움 자기장의 영향을 받음 재활용이나 처리가 어려움
LCD	반사	구동 전압 낮음 기술 수준 높음	Backlight 비용 추가 교류전류 필요 깨지기 쉬움 사용 온도 범위 좁음(0°C - 50°C) 보통 온도 보정이 필요 좁은 시야각 대형화(17"+) 비용 증가
LED	발광	아주 작은 크기도 가능 높은 휘도 가능 낮은 구동 전압(적,녹은 3V)	dot 형태의 화소 녹,백 고가, 3.6V이상 필요 좁은 시야각 온도와 전압의 영향 수명 길지 못함(50 khrs)
OLED PLED	발광	작은 화면 저렴(〈4") 넓은 시야각 빠른 응답 속도 유연화면 가능	작동 전압 6V to 16V 짧은 수명 높은 구동 전압(128×64 이상 대화면)
PDP	발광	휘도 아주 높고 얇다 대화면 용이(30"+) 넓은 시야각	수명 짧음 구동 전압 높음(150V이상) 중간 소모 전력

2. 표시기의 종류

표시기는 매우 많은 종류들이 있고 그 원리에 따라 다음 표와 같이 분류할 수 있다.

❶ CRT(Cathode Ray Tube)

❷ LCD(Liquid crystal Display)

- 화소 전원 방식에 따라

  -PM(Passive Matrix) TN, STN, DSTN

  -AM(Active Matrix) TFT, TFD

    -TFT(Thin Film Transistor)

    -TFD(Thin Film Diode LCD)

    -UFB(UltraFine % Brightness LCD)

    -UFS(UltraFine & Speed LCD)

- 액정 배향 구조에 따라

  -TN(Twisted Nematic)

  -STN(SuperTwisted Nematic)

  -DSTN(Double SuperTwisted Nematic)

  -VA(Vertical Allignment)

  -IPS(In Phase Switching)

❸ LED(Light Emitting Diode)

- OLED(Ogarnic Light Emitting Diode)

❹ PDP(Plasma Display Panel)

이제 하나하나 그 원리가 무엇이며, 어떤 화학 소재가 사용되는지 알아보자.

3. CRT

CRT(Cathode Ray Tube)는 음극선관, 일명 브라운관(그림 9-2)이라고 하는데, 전자빔을 형광면에 쏘아 화면을 만든다. 천연색을 구현하기 위해 빛의 삼원색인 RGB(빨강, 초록, 파랑)의 전자빔을 사용하고 전자총과 형광면 사이에 섀도 마스크(shadow mask)를 둔다. 값이 싸지만 무겁고 장치의 두께가 두꺼워 지금은 평판 표시기에 그 시장을 많이 빼앗겼다.

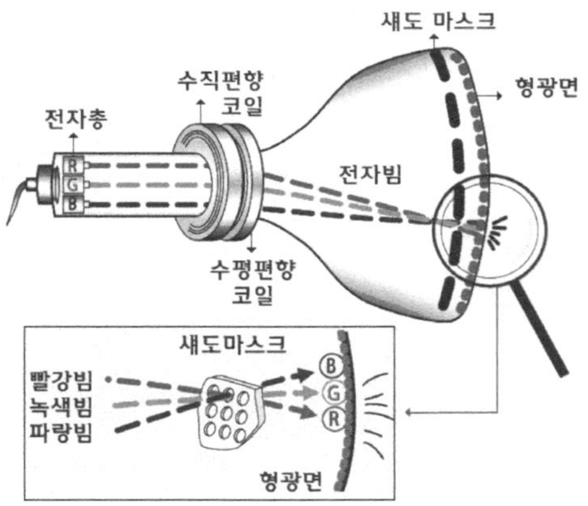

그림 9-2. 컬러 CRT의 구조(흑백 CRT는 전자총이 하나고 섀도 마스크도 없다)

4. LCD

LCD(liouid crystal display)는 1888년 오스트리아의 식물학자 라이니처(Friderich Reinitzer)가 천연 콜레스테롤의 특성을 연구하다가 액정 현상을 발견한 후, 1970년대 표시 소자로서 가장 늦게 개발되었으나, 가장 빨리 발전하여 1980년대 이후로 표시 소자의 왕좌를 차지하고 있다. 표시 원리(그림 9-3)는 액정이 빛의 스위치 역할을 하는 것을 이용한 것이며, 액정 분자의 비등방성을 응용하였다. 액정은 긴 막대기형으로 생긴 분자로서 일정한 온도 구간에서 유동성을 갖는다. 액정 분자를 담은 세그먼트 아래 위에 전압을 걸면 액정 분자가 응답하여 서게 되며 전압을 끄면 다시 눕는다. 액정 분자의 누운 방향과 직교하는 편광은 전압을 걸지 않은 상태에서 액정 세그먼트를 투과할 수 없다. 그러나 전압이 걸려서 액

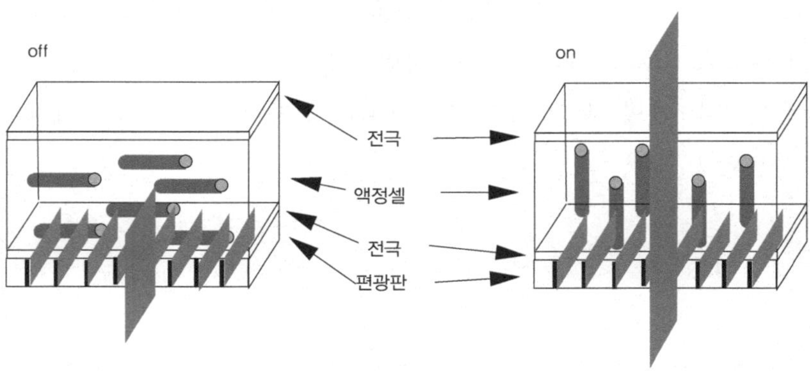

그림 9-3. 액정 표시 원리

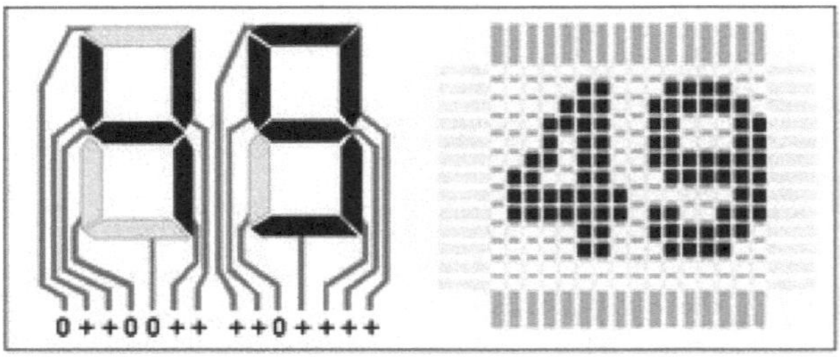

그림 9-4. 세그먼트 표시

정이 서게 되면 편광은 투과하게 된다. 투명 전극으로 인-주석 산화물(indium-tin oxide)를 사용한다.

액정과 편광판을 조합하여 빛을 통과시키기도 막기도 하는 단순히 빛의 셔터 역할만 한다. 빛이 통과하면 흰색, 통과 못하면 검정을 표시한다. 액정 물질 자체가 빛을 내지 않음으로써 발광형(emissive type)이 아니라 반사형(reflective type)이다. 즉, 광원이 필요하다. 낮에는 햇빛으로 표시가 가능하겠지만 외광이 없을 때는 광원으로 빛을 주어야 한다. 우리가 사용하는 휴대전화 같은 휴대용 표시기의 경우 광원으로 역광(back light)이 추가된 것이다. 그러나 보조 광원을 사용하지 않으면 전력 소모가 매우 적다. 컬러 구현도 비교적 쉽다. 각 화소마다 RGB의 컬러 필터를 쓰면 된다. 액정을 담은 액정셀(segment)이 형태를 자유롭게 만들 수 있고, XY직교 그리드(grid)를 사용하면 도트 매트릭스(dot matrix) 표시도 용이하다. 개별 세그먼트식(그림 9-4)은 전자계산기나 손목시계에 널리 사용되고 있다.

1. TN

위와 같은 액정셀은 전원을 껐을 때 검정이 되어야 하는데 빛이 새

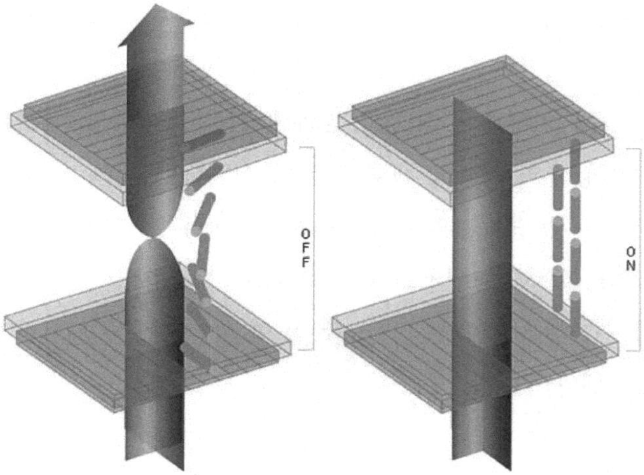

그림 9-5. TN LCD 원리

어나가 완전한 검정을 만들기가 어려웠다. 그래서 개발된 것이 TN(twisted nematic) 액정이다. 다음 그림이 그 원리를 나타낸다(그림 9-5). 액정셀 앞뒤에 직교하는 편광판을 설치하고 액정은 그 편광 방향을 따라 90도 회전하게 배향한다. 전원이 꺼지면 편광판을 통과한 편광은 액정의 배향을 따라 회전하여 직교된 다른 편광판을 통과한다. 전원을 켜면 편광은 아무런 액정의 제제를 받지 않고 그대로 다른 편광판에 어긋나게 부딪혀 통과하지 못한다. 이 방법은 전원을 꺼서 완전한 검정을 나타낼 수 있다.

2. STN과 DSTN

STN은 TN과 원리는 똑같다. TN은 90도의 비틀림 각도를 갖는데 비해 STN(super twisted nematic)은 180도 이상, 보통 240도의 비틀림각을 갖는다. 비틀림각이 커지면 복굴절 같은 전기 광학적 특성이 좋아진다. 즉, 적은 전압의 변화에도 큰 투과율의 변화를 보이므로 표시 특성을 향상시킬 수 있다. 현재 저가의 평판 표시는 거의 이 방식이다.

STN의 고각 비틀림은 복굴절 효과에 의해 일정한 바탕색을 나타낸다. 이러한 바탕색은 정확한 색채 구현에 걸림돌이 된다. 그래서 개발된 것이 STN을 두 개 겹쳐놓은 DSTN이다. 즉, 깨끗한 흑백 상태를 만들기 위한 방법이다. 두 STN 액정의 비틀림은 반대 방향이다. 위상차가 달라진 첫 번째 STN셀을 통과한 빛이 두 번째 STN셀을 통과하며 상쇄되어 제 빛을 나타낸다.

3. TFT와 UFS

좀 더 정교한 표시를 하기 위해 TN이나 STN 같은 패시브 매트릭스(passive matrix)를 사용하지 않고, 각 화소마다 독립된 전원을 도입하고 스위치로서 트랜지스터를 사용하는 액티브 매트릭스(active matrix)를 개발했다. 선(line) 간섭이 없어 화질이 깨끗하며 현재 대부분의 노트북에 사용되고 있다. 여기에 사용하는 트랜지스터를 박막형으로 만들어 TFT(thin film transistor)라고 한다. 빠른 스크롤에도 화면 떨림이 없어 눈의 피로가 적고, 전자파 배출도 거의 없으며, 소비전력도 적어 현재 대부분의 노트북에 사용되고 있다. STN에 비해 가격이 비싸다.

삼성전자에서 개발한 UFS(Ultra Fne & High Speed, 그림 9-6)는 TFT를 단지 광스위치로만 사용하고 RGB 삼색 광원을 고속으로 통과시켜 시간적 혼색이 일어나게 만든 신개념 표시기다.

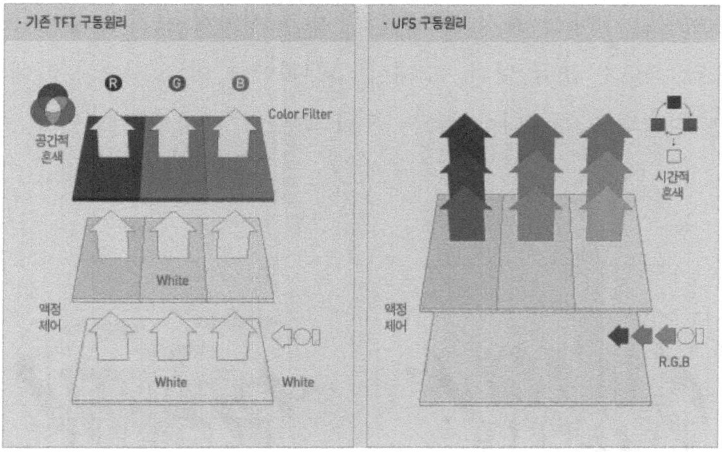

그림 9-6. UFS 원리

4. VA(Vertical Alignement)

TN이나 STN에서는 빛이 투과한 상태가 액정이 일정 방향으로 서 있는 상태이기 때문에 시야각이 좁은 단점이 있어 개인용 컴퓨터 모니터로는 괜찮으나 TV로는 환영을 받지 못한 단점이 있었다. 이 문제를 해결한 것이 삼성의 VA와 PVA(Patterned VA)기술이다. 이것은 수직 배향 액정을 이용하며, 상하 전극에 엇갈리게 전압을 인가하면 액정들이 여러 방향으로 퍼지면서 빛을 차단하는 방식으로 시야각이 대단히 좋다. 특히 최근의 S-PVA(Super PVA)는 상하좌우 시야각 180도에 도달하였다.

5. IPS(In Plane Switching)

기존의 액정 표시와 달리 전극을 배향면과 같은 평면에(in plane) 장치하고, 수평 배향성 액정을 이용하여 전압을 인가하기 전이나 후나 늘

화면에 평행한 상태를 유지하므로(그림 9-7) 시야각은 가장 좋으나 명암비나 응답 속도가 조금 낮다. 그래서 그래픽이나 의료 기기 분야에선 특히 높은 경쟁력을 갖는다. 지금은 응답 속도도 많이 개선되었다.

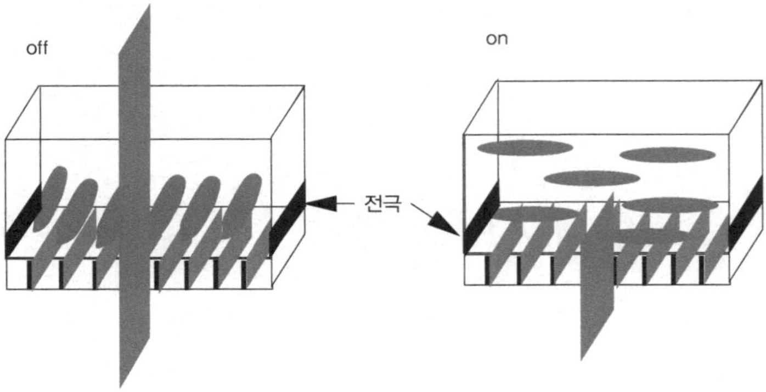

그림 9-7. IPS의 원리

5. PDP

LCD는 자체적으로 빛을 내는 발광형이 아니므로 따로 역광(back light)이 필요하고, 편광판, 배향막 등이 필요해 대형 화면을 만들기에 부적합하다고 하여 PDP(Plasma Display Panel, 그림 9-8)가 개발되었다. 원래 PDP는 LCD보다 먼저 개발되었으나 LCD의 기술 발전이 워낙 빨라 표시기(display)의 왕자 자리를 넘겨줬지만 대형화가 쉬운 PDP가 턱밑까지 쫓아온 형국이다. 그러나 요즘은 다시 LCD의 대형화 기술도 눈부셔서 어느 기술이 우위에 설지 아무도 예측하지 못하고 있다.

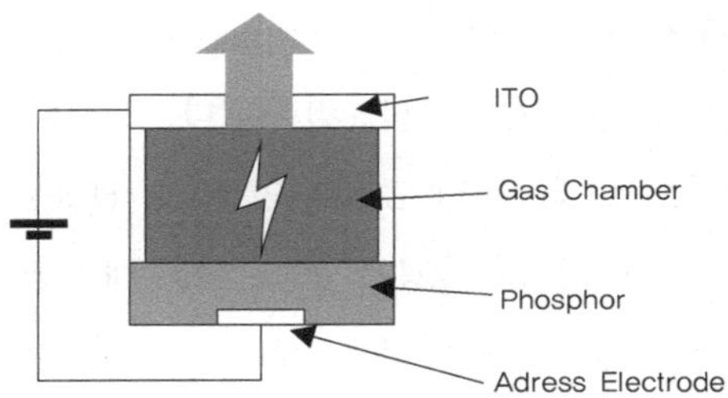

그림 9-8. PDP의 원리

PDP는 밀폐된 셀 안에 Ne+Ar, Ne+Xe 등의 가스를 충전하여 전압을 인가하면 인에서 발생되는 네온광을 표시기로 이용한다. 가스의 종류에 따라 색상이 정해지며, 응답 속도도 빠르고 대형화가 용이하여 벽걸이 TV에 적용되었다. 셀의 형태가 간단하기 때문에 패시브 매트릭스 구조로 대형 화면의 가격이 저렴하다. 시야각도 넓으나 형광체인 인의 수명 때문에 60,000시간 이상 사용하면 밝기가 감소해지는 단점이 있다.

6. LED

1955년 미국의 Rubin Brannstein은 반도체(Ga-As)에 전류를 걸면 적외선을 방사한다는 사실을 알아냈다. 그 후 1962년, GE에 근무하다 일리노이 대학으로 옮긴 닉 호로니악(Nick Holonyak)은 다이오드에 전압을 가하여 가시광선의 발광을 처음으로 개발했다. 전극으로부터 반도체에 주입된 전자와 정공은 다른 에너지띠(전도띠나 원자가띠)를 흘러 PN 접합부 부근에서 띠간격을 넘어 재결합한다. 재결합할 때 거의 띠간격에 상당한 에너지가 광자, 즉 빛으로 방출된다. 이런 효과를 전계 발광 효과(electroluminescence)라고 하며, 이런 재료를 LED(light emitting diode)라고 부른다. 재료에 따라 다른 색을 내기 때문에 표시기로서 응용되고 있다. 또 형광등이나 백열등 같은 다른 대다수 광원과 다르게 불필요한 자외선이나 적외선을 포함하지 않는 빛을 간단하게 얻을 수 있다. 조명으로 사용할 경우는 점등하자마자 최대 빛의 세기를 얻을 수 있다. 그렇기 때문에 자외선에 민감한 문화재나 예술 작품, 열조사를 꺼리는 물건의 조명 등에 새로운 수요가 기대된다.

1. 청색 발광 다이오드

LCD보다 시야각이 넓고 수명도 길고 구조가 간단하여 LCD와 표시시장의 주도권 다툼이 치열할 것으로 예측된다. 1920년대에 발광 소자에 대한 발견이 있었고, 1970년대에 표시기로서의 가능성도 일찍 밝혀졌으나 청색 다이오드의 개발이 늦어지는 바람에 단일색 표기 광원으로만 널리 쓰여 왔다. 그 사이 늦게 출발한 LCD가 표시가 시장을 장악하고 대형화 바람을 타고 PDP마저 앞서갔다. 1990년 후반 니치아 화학의 나카무라 슈지(Shuji Nakamura)가 질화 갈륨을 이용한 고휘도의 청색 다이오드를 개발하여 LED 컬러 표시기가 개발되기 시작했다. 2004년 말 도호쿠대학 금속재료연구소의 가와사키 마사시 교수 연구팀은 가격이 저렴한 산화 아연을 이용한 청색 다이오드 개발에 성공하여 비싼 질화 갈륨을 대체할 가능성을 열었다.

2. 흰색 발광 다이오드

흰색빛은 단색빛이 아니고 연속된 스펙트럼이 합쳐진 색이며, 발광 다이오드는 기본적으로 좁은 범위의 파장만 발광하므로 단일 발광 다이오드에서 흰색빛을 발생시킬 수 없다. 빛의 삼원색의 혼합이나 보색 관계에 있는 2색 혼합으로 흰색을 만들 수 있음을 이용한다.

현재 주 방식은 형광체를 이용하는 방법이 쓰인다. 발광 다이오드의 특징인 낮은 소비 전력으로 큰 빛 에너지를 얻을 수 있는 장점이 있어 차세대 조명용으로도 주목받고 있다.

3. OLED(Organic Light Emittng Diode)

LCD보다 현재는 제작 비용이 비싸기 때문에 상용화가 활발하게 이루어지고 있지 못하는 실정이나 휴대폰이나 PDA 등 소형에는 이미 OLED 제품이 시장에서 인기를 얻고 있다. 직접 발광 방식이기 때문에 역광(back light)이 필요 없고 시야각이 좋으며 빠른 응답 특성을 갖는다.

최근 동영상 콘텐츠의 활성화로 인해서 LCD보다 1000배 빠른 응답 속도를 갖고 있는 OLED는 DMB폰 표시기 같은 소형 표시기 시장에서는 확고하게 자리잡을 수 있을 것으로 본다. 시장 규모 형성도 2006년 경에는 239만 개, 2007년 경에는 2천 484만 1천 개, 2008년 경에는 9천 588만 9천 개 등으로 수직 상승하여 2010년 경에는 2억 개를 넘어설 것으로 예상된다. 현재 한국 기업으로서는 삼성 SDI와 LG전자가 선두주자로 나서고 있으며, 일본 기업에서는 소니가 11인치 OLED TV를 선보였다.

Chapter 10

청정에너지

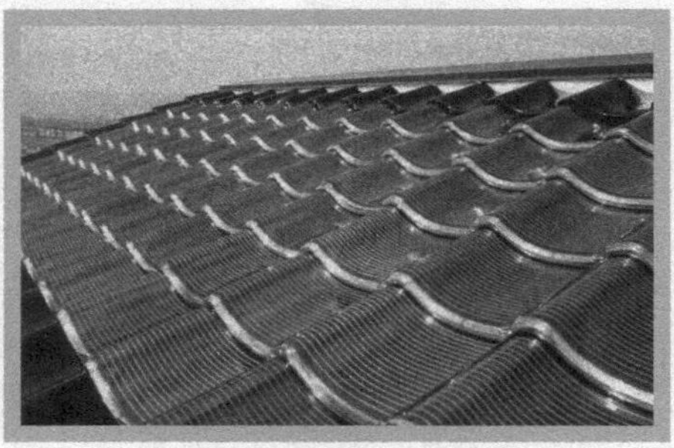

지붕의 기와 형태로 만든 최첨단 태양전지는 미관과 환경과 에너지 모두를 만족시킨다.

1. 청정에너지 전지

인류가 살아가는 데 에너지는 꼭 필요하다. 그러나 에너지의 생산과 소모는 필연적으로 공해를 유발한다. 그리하여 쓰레기, 산성비, 도시 스모그, 방사성 오염, 생태변이, 지구 온난화, 오존층 파괴 등 이루 말할 수 없이 악한 상태가 되어 간다. 이제 인류가 살아남기 위해 청정에너지는 선택이 아니라 필수이다. 사람들에게 가장 직접적인 오염원은 자동차 배기 가스인데, 전기 자동차의 필요성은 모두 인식하고 있지만 아직 상용화를 위해 남은 과제가 많다. 우선 효율 높은 전지다. 우리가 아무리 청정 기술로 에너지를 생산해도 그 에너지를 저장하는 기술이 없으면 무용지물이 된다. 또한 태양에너지를 그대로 전력화하는 태양전지도 매우 중요한 청정화 기술이다. 전지에는 1차전지와 2차전지가 있다. 1차전지란 한번 써서 방전되면 버리는 전지고, 2차전지는 충전하여 다시 사용할 수 있는 전지를 말한다. 1차전지에는 건전지, 수은전지 등이 있고, 2차전지에는 납축전지, 니켈-카드뮴전지, 리튬전지 등이 있다. 그밖에 산소와 수소의 화학 반응에서 전기를 얻는 연료전지가 있고 태양에너지를 직접 전기에너지로 바꿔주는 태양전지도 있다.

2. 볼타전지와 다니엘전지

전기가 흐른다는 말이 화학적으로 전자의 흐름이듯이 전기를 저장한다는 말도 화학적으로는 전자의 흐름을 저장하는 기술이다. 다시 말하면 전지(그림 10-1)란 화학에너지를 전기에너지로 바꾸는 장치이며, 전자의 이동을 포함하는 화학 반응은 회로로 연결하면 전기의 흐름을 동반한다. 음극(anode)에서 전자가 흐를 수 있는 전해질(electolyte)을 지나 양극(cathode)으로 들어간다. 습식전지(wet cell)는 전해질에 이온이 녹아 있는 액체고, 건전지(dry cell)는 전해질이 비유동성 점토나 다공질체로 되어 있다.

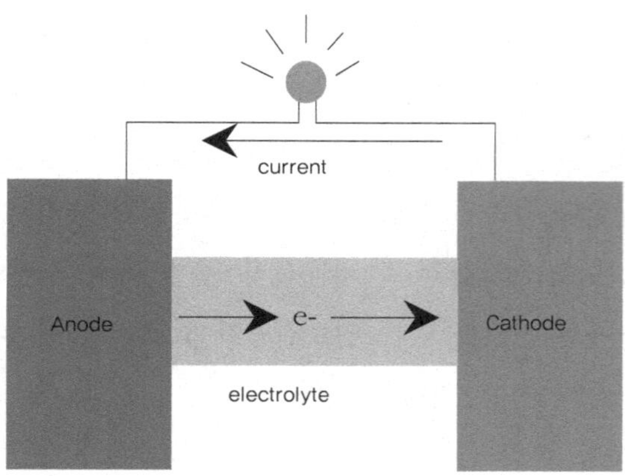

그림 10-1. 전지의 원리

볼타전지는 1800년에 이탈리아의 볼타가 묽은 황산을 전해질로 하고 아연판과 구리판을 연결해서 만든 최초의 화학전지이다(그림 10-2). 실제로는 불이 들어온 지 몇 분 안 되어 불이 꺼진다. 구리판 주위에 수소 기체가 붙어 전자의 흐름을 막기 때문인데, 이런 현상을 분극이라고 한다. 과산화 수소나 이산화 망간 같은 산화제를 넣어주면 수소가 물로 산화되면서 분극 현상이 없어져 계속 불이 들어온다. 이런 첨가제를 감극제라고 한다.

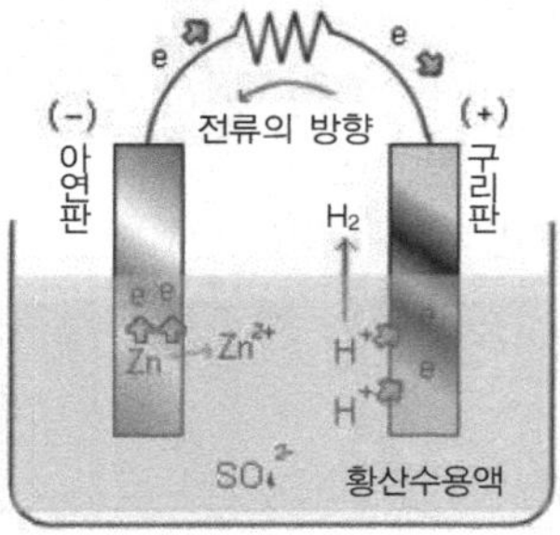

그림 10-2. 볼타전지

- 음극(산화): $Zn \rightarrow Zn^{2+} + 2e^-$
- 양극(환원): $2H^+(aq) + 2e^- \rightarrow H_2(g)\uparrow$
- 알짜 반응: $Zn(s) + 2H^+(aq) \rightarrow Zn^{2+}(aq) + H_2(g)\uparrow$
- 전지 표시: $(-)\ Zn\ |\ H_2SO_4\ |\ H_2(+)$

다니엘전지(그림 10-3)는 아연판을 황산 아연 용액에, 구리판을 황산 구리(II) 용액에 담그고 염다리로 연결한 전지로서 분극이 생기지 않는다.

- 음극(산화): $Zn \rightarrow Zn^{2+} + 2e^-$
- 양극(환원): $Cu^{2+}(aq) + 2e^- \rightarrow Cu$

- 알짜 반응: $Cu^{2+}(aq) + Zn(s) \rightarrow Cu(s) + Zn^{2+}(aq)$
- 전지 표시: (−) Zn | $ZnSO_4(aq)$ ‖ $CuSO_4(aq)$ | Cu (+)

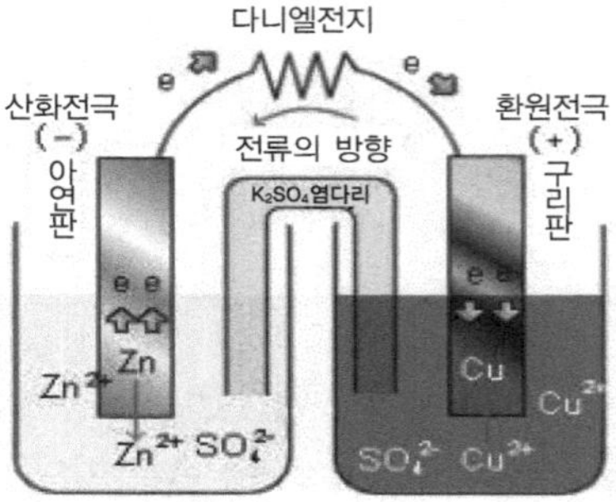

그림 10-3. 다니엘전지

3. 건전지와 알칼리전지

건전지(그림 10-4)는 볼타전지의 원리에 염화 암모늄 전해액을 이산화 망간과 탄소 가루를 섞은 점토질에 함침시킨 것이다. 값은 싸지만 수명이 짧다. 라디오, 시계, 손전등에 사용한다.

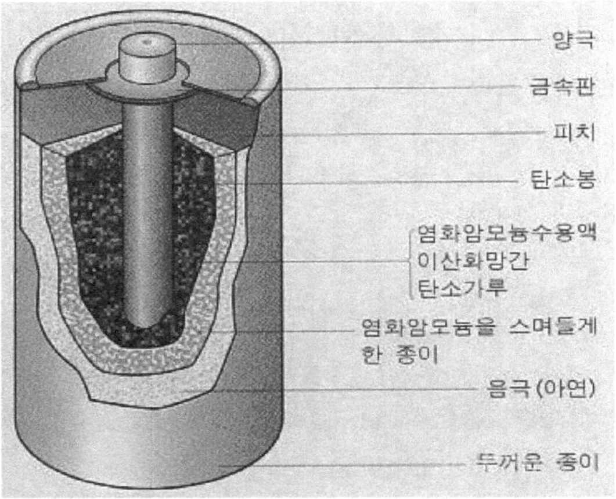

그림 10-4. 건전지 구조

- 음극(산화, 아연판): $Zn \rightarrow Zn^{2+} + 2e^-$ 산화(질량 감소)
- 양극(환원, 탄소 막대): $2NH^{4+} + 2e^- \rightarrow 2NH_3 + H_2$ 환원(질량 불변)
- 전지 표시: (−) $Zn|NH_4Cl|MnO_2$, C(+)
- 알짜 반응: $Zn^{2+} + 4NH_3 \rightarrow [Zn(NH_3)_4]^2 + 2MnO_2 + H_2 \rightarrow Mn_2O_3 + H_2O$

- 전해질: 염화 암모늄
- 감극제: 이산화 망가니즈
- 기전력: 약 1.5V

알칼리전지는 전해질로 산성이 되는 염화 암모늄 대신 염기성으로 남아 있게 되는 수산화 칼륨을 쓰기 때문에 부식이 잘 안 일어나서 오래 쓸 수 있다. 그러나 강염기인 전해질액인 KOH가 분해시 독성이 강한 폐수를 배출하므로 환경에 좋지 못하다. 라디오, 시계, 손전등에 사용한다.

- 음극(산화): $Zn \rightarrow Zn^{2+} + 2e^{-}$ 산화 (질량 감소)
- 양극(환원): $Mn^{4+} + e^{-} \rightarrow Mn^{3+}$ 환원 (질량 불변)
- 전지 표시: (−) $Zn | KOH | MnO_2$, C (+)
- 감극제: 이산화 망가니즈
- 전해질: 수산화 칼륨
- 기전력: 약 1.45V

4. 수은전지와 산화은전지

이 두 전지는 단추형의 초소형으로서 보청기, 계산기, 손목시계 등 오래 열지 않고 쓰는 기기의 전지로 유용하다. 수은전지(그림 10-5)는 오랫동안 천천히 효율적으로 방전하기 때문에 오래 쓸 수 있다. 그러나 수은이 대단히 유해하기 때문에 지금은 거의 생산을 하지 않는다. 독성이 큰 수은 대신에 지금은 산화 은을 사용한 전지를 사용한다. 크기가 작고 수명이 긴 대신 값이 비싸다. 수은전지의 전기 화학적 반응은 매우 간단하다. 아연으로 만든 음극에서는 아연 원자(ZnO)가 전자 두 개를 잃고 아연 이온(Zn^{2+})이 되며, 산화 수은(Hg_2+O_2^-)을 압착하여 만든 양극에서는 수은 이온(Hg^{2+})이 두 개의 전자를 받아서 수은 금속(HgO)이 된다. 아연 이온(Zn^{2+})은 가성칼리(KOH)의 전해질을 건너서 다공질체에 흡수된다.

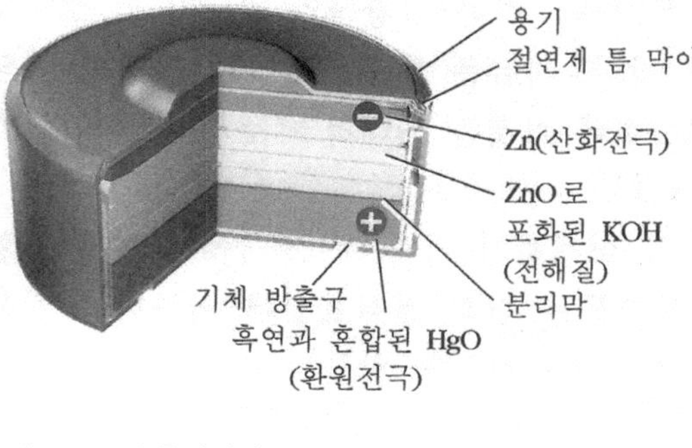

그림 10-5. 수은전지의 구조

- 음극(산화): Zn판 $Zn + 2OH^- \rightarrow Zn(OH)_2 + 2e^-$
- 양극(환원): HgO $HgO + H_2O + 2e^- \rightarrow Hg + 2OH^-$
- 알짜 반응: $Zn + Hg^{2+} \rightarrow Zn^{2+} + Hg$
- 전지 표시: (−) Zn | KOH | HgO (+)
- 감극제: HgO
- 전해질: 수산화 칼륨
- 기전력: 1.35V

산화은전지

- 음극(산화): Zn판 $Zn \rightarrow Zn^{2+} + 2e^-$
- 양극(환원): Ag2O $Ag^+ + e^- \rightarrow Ag$
- 전지 표시: (−) Zn | KOH | Ag_2O (+)
- 전해질: 수산화 칼륨
- 기전력: 1.55V

5. 납축전지

납산전지(lead-acidbattery, 그림 10-6)라고도 하는데 금속 납(Pb_0)과 이산화납($Pb_2+O_2^{2-}$) 사이의 전기화학적 반응을 이용하고 황산을 전해질로 쓰기 때문에 그렇게 부른다. 음극에서 금속 납(Pb_0) 원자는 두 개의 전자를 잃어 양2가 금속(Pb^{2+})이 되고, 양극에서는 양4가의 상태에 있던 이산화납($Pb^{2+}O_2^{2-}$)의 납(Pb^{2+})이 두 개의 전자를 받아서 양2가의 납(Pb^{2+})이 된다. 이 반응이 진행되면서 음극의 금속(Pb_0) 납과 이산화 납($Pb^{2+}O_2^{2-}$)이 모두 황산 납($Pb^{2+}SO_4^{2-}$)으로 변한다. 양극의 반응에서 모두 같은 황산납이 생성되고 결국 음극의 납(Pb_0)은 다 녹아버려서 전력을 내지 않게 된다. 그러나 그 전에 전지의 음극에 다른 전원의 음극을 연결하여 앞 반응의 역으로 다시 충전시키면 전원의 양극에서 전지의 양극으로 전자를 공급하여 전자들을 모으게 된다. 그러면 전지 음극의 양2가 납 이온(Pb^{2+})이 전자를 다시 얻고 중성 금속 납(Pb_0)이 되어 다시 음극을 회복시키고 양극의 양2가 납 이온(Pb^{2+})은 전자를 잃고 양4가 납 이온(Pb^{2+})이 되어 이산화납($Pb^{2+}O_2^{2-}$)을 회복시킨다. 그래서 이렇게 충방전을 반복할 수 있는 전지를 축전지(storage battery) 또는 2차전지(secondary battery)라고 한다.

그러나 납이 있기 때문에 상당히 무겁고 독성이 있으며 황산은 부식성이 있으므로 주의하여 취급해야 한다. 또 하나의 결점은 충전-방전을 하면서 납 전극이 녹았다가 회복되는 과정을 몇 번 반복하면 못 쓰게 되는 경향이 있다는 점이다. 그러나 납산전지는 값이 싸다. 현대의 자동차에서 점화와 앞조명과 뒷조명, 그 밖의 전기 장치에 이 전지가 쓰인다. 이 전지를 좀 더 업그레이드한 전지도 개발되어 전기 자동차의 동력원으로 쓰인다. 자동차 회사들도 몇 가지 결점에도 불구하고 값이 싸기 때문에 이 형태의 전지의 고성능화를 연구 중에 있다.

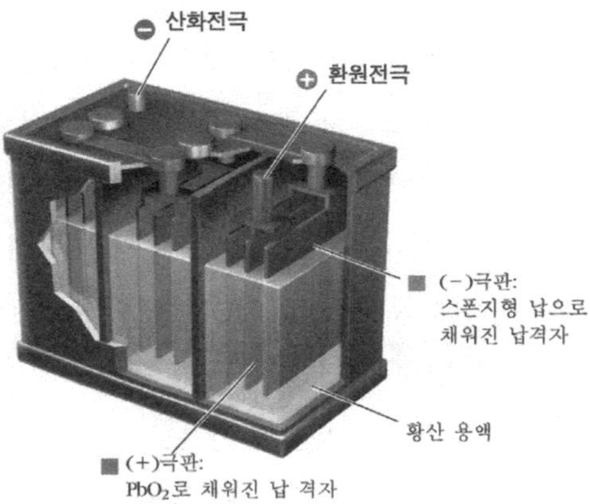

그림 10-6. 납축전지의 구조

- 음극(산화): Pb판 $Pb + SO_4^{2-} \rightarrow PbSO_4 + 2e^-$ (질량 증가)
- 양극(환원): PbO_2판 $PbO_2 + 4H^+ + SO_4^{2-} + 2e^-$
  $\rightarrow PbSO_4 + 2H_2O$ (질량 증가)
- 전지 표시: (−) Pb | H_2SO_4 | PbO_2 (+)
- 감극제: PbO_2
- 전해질: 황산
- 기전력: 1.8V

6. 니켈-카드뮴전지

1899년에 처음 제안된 니켈-카드뮴전지(그림 10-7)가 이탈리아 피아트의 Panda elettra, 일본 닛산의 FEV, 프랑스 르노의 Zoom 등 여러 전기 자동차에 장착되었다. 이들 자동차들은 경쟁력 있는 최고 속도(시속 110~120킬로미터)와 주행 거리(104~150킬로미터)를 가진다. 니카전지는 이미 손전등 같은 소형 분야에서는 충전지로 널리 쓰이고 있다. 여기서 양극은 hydrated nickel oxide(NiOOH. H_2O)로, 음극은 카드뮴으로 되어 있고 potassium hydroxide 용액을 전해질로 쓴다. 방전 중 양극에서는 카드뮴 금속이 산화 카드뮴으로 변환하면서 전자들을 회로로 내놓고 음극에서는 니켈 히드록시드가 생성된다. 이 전지의 가장 큰 단점은 비싸고 독성이 있는 카드뮴을 사용한다는 점이다.

또한 니켈-카드뮴전지와 니켈-메탈하이드라이드전지는 메모리 효과가 있다. 메모리 효과는 전지에 사용된 니켈 산화물이 결정체가 되어버려 전지 용량이 저하되는 현상을 말한다. 이는 낮은 전압에서 방전할 때나 불완전한 충방전을 계속한 경우 더 심해진다. 따라서 이들 전지는 가급적 바닥까지 방전 후 충전하는 것이 좋다. 그렇다고 완전 방전시켜버리면 단자 전압이 0이 되어버리고 이 상태에서 방전을 계속시키면 단자 전압이 −값이 되는 전위 역전 현상이 일어나 전지가 치명적인 손상을 입을 수도 있다.

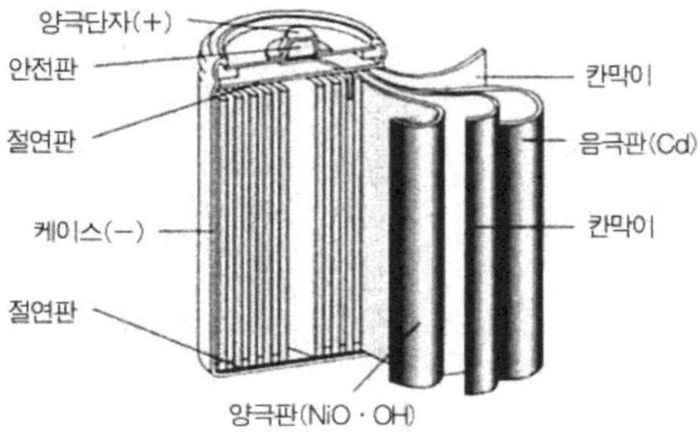

그림 10-7. 니켈-카드뮴전지 구조

- (−)극: Cd판　　　$Cd + 2OH^{-} \rightarrow Cd(OH)_2 + 2e^{-}$
- (+)극: NiO_2　　　$NiO_2 + 2H_2O + 2e^{-} \rightarrow Ni(OH)_2 + 12OH^{-}$
- 전지 표시: (−) Cd | KOH | NiO2 (+)
- 알짜 반응: $Cd + Ni^{4+} \rightarrow Cd^{2+} + Ni^{2+}2e^{-}$
- 감극제: NiO_2
- 전해질: 수산화 칼륨
- 기전력: 1.4V

7. 리튬전지

전지의 작동은 충 · 방전에 의해 리튬 이온이 양극과 음극 사이를 이동하며 삽입(intercalation)함에 의해 이루어진다. 전지 작동에 의한 전극의 변화는 없기 때문에 장수명 특성과 안정적인 충 · 방전이 가능하다. 리튬 이온은 매우 작고 가볍기(리튬은 가장 가벼운 금속) 때문에 여러 원소 사이의 간격에 들어갈 수 있다. 초기의 리튬전지는 음극이 리튬 금속이었고 그 금속이 리튬 이온들 속에 용해되면서 각 금속 원자가 전자를 내 놓는다. 그러면 리튬 이온은 이온이 통하는 전해질을 통해 양극으로 이동한다. 이 전해질은 보통 과염소 리튬(LiClO) 같은 리튬염인데, propylene carbonate같은 유기 용매나 poly(ethylene oxide) 같은 고분자에 녹는다. 1970년대에 출현한 최초의 상업적 리튬전지는 재충전이 안 되는 1차전지로서 양극이 리튬 이온과 결합할 수 있는 재료, 즉 불소 수지(PTFE), 이산화 망가니즈, 또는 황화 구리로 만들어졌다.

충전용 리튬전지는 1980년대에 처음 나왔는데 음극으로 리튬 금속(또는 알루미늄과의 합금)을 사용하고 리튬 이온 충진재료가 양극으로 사용된다. 그러나 리튬 전극의 수명이 짧아지는 문제가 있다. 금속이 녹고 재생되고를 반복하는 데서 오는 일반적인 문제만이 아니라 리튬이 워낙 반응성이 커 전해질과 접촉하면서 부식 반응이 일어나기 때문이었다. 그것은 성능을 떨어트리는 것뿐만 아니라 안전에도 문제를 일으켰다. 초기의 상업화된 충전용전지를 사용하다가 불꽃이 닿으면 이 전지는 폭발을 일으켜 화재의 원인이 되기도 했다. 1980년대에 휴대용 전화가 폭발하여 화재가 나서 인명 피해까지 나는 바람에 캐나다 회사 몰리 에너지(Moli Energy)가 파산하는 일도 있었다. 이런 리튬 금속 전극의 문제는 해결되어 다시 힘을 얻고 있다. 그 방법은 양극의 재료를 리튬 이온을 충진할 수 있는 충진 화합물 같은 재료를 사용하는 것이다.

이온을 음극에서 양극으로 이동시키는데(전지가 방전되는 동안 일어나는 과정) 전자도 음극에서 양극으로 이동하며 전하가 균형을 잡게 된다. 가장 많이 연구된 음극 재료는 그라파이트(graphite)인데, 탄소 원자들이 벌집처럼 6각형으로 모인 판으로 구성되어 있다. 이 판들은 서로 약하게 결합되어 있어서 리튬 이온들이 그 사이를 쉽게 미끄러져 들어가 충진 화합물을 형성한다. 그라파이트는 양극 재료로 쓰이는 전이금속 산화물보다 리튬 이온을 더 약하게 결합하기 때문에 이온들이 그라파이트 음극에서 양극 쪽으로 가는 것이 에너지적으로 더 유리하다. 재충전되는 동안 리튬 이온은 그라파이트로 되돌아온다. 이렇게 리튬 이온이 두 전극 사이를 왔다갔다하면서 충방전되므로 흔들의자전지(rocking-chair batterie)라고 부르기도 한다.

최초의 흔들의자전지는 1980년에 나왔는데 1990년대에 들어서야 상업적으로 유용한 기술로 발전되었다. 1992년 일본 소니가 리튬전지를 발매하기 시작했고 1200번 이상 충방전이 가능하게 되었다. 미국 듀라셀(Duracell)이나 독일 바트라(Vatra)같은 다른 전지 회사들도 개발에 참여하였다. 소니 전지는 그라파이트와 리튬 코발트옥사이드(litium cobaltoxide, $LiCoO_2$)를 전극으로 하고 리튬 이온이 CoO_2의 층들 사이를 왔다갔다하는데 전해질은 유기 용매에 리튬 염을 녹인 것이었다. 그러나 독성이 있고 비싼 코발트를 이산화 망가니즈로 대치하고서야 시장에 완전히 진입할 수 있었다.

리튬전지의 안전에 대한 문제는 옛날보다 그리 크게 나아지지 못했다. 1995년 영국 버밍검의 전지 공장이 리튬전지로 인해 화재가 발생했다. 화재 진압 반장의 말에 의하면 전지들은 폭탄처럼 폭발했다고 한다. Apple 컴퓨터사는 1995년 리튬전지의 화재성으로 문을 닫을 위기에 처하기도 했다.

전기 자동차에 리튬전지를 사용한다면 더 큰 규모와 에너지 밀도 때문에 더 큰 위험이 있을 것이다. 미쓰비시는 충전용 리튬전지를 장착한 Chariot라는 이름의 전기 자동차를 개발했다. 그러나 1996년 캘리포니아의 시프러스(Cypress)에 있는 미쓰비시 본부에 화재가 일어나 그 비싼 자동차들을 모두 태웠다. 폭발하지 않는 더 좋고 안전한 리튬전지의 개발은 계속될 것이다.

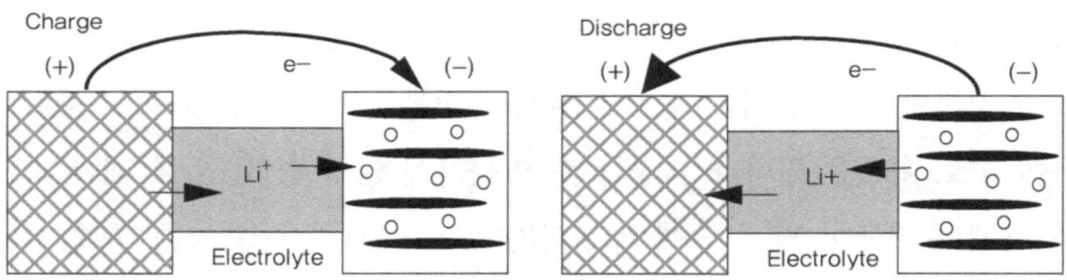

그림 10-8. 리튬이온전지의 충방전 원리

8. 니켈-수소화금속전지

1980년대 초에 미시간 트로이에 있는 Energy conversion사의 자회사인 Ovonic battery사에서 니켈 금속 하이브리드 전지가 개발되었다.

양극에서 일어나는 반응은 니켈-카드뮴전지와 같다. 충전하는 동안 수산화니켈($Ni(OH)_2$)은 전해질(KOH용액)에서 수산 이온과 반응하여 니켈 옥시하이드록사이드(nickel oxyhydroxide, NiOOH)와 물을 생성한다. 이 반응에서 잉여의 전자를 발생시키는데 이것이 충전 회로로 흘러 들어간다. 방전하는 과정은 역이다. 음극에서 일어나는 과정을 간단히 말하면 합금이 충전하는 동안 생긴 양전하 수소 이온을 받아들였다가 방전하는 동안 내놓고 합금 격자에 끼어 들게 된다. 그래서 각 순환 과정 중에 합금 전극의 구조 속에 전하는 아주 적게 된다. 즉, 수소의 스폰지 같은 역할을 하는 것이다.

이 전지의 저장 능력은 수소 스폰지의 저장 능력, 즉 충전 중 수소화금속이 수소 이온을 얼마나 저장할 수 있는가에 달려 있다. 합금 격자 속에 저장된 수소들이 방전 중에 방출되는데, 수소는 금속 격자를 통해 쉽게 확산된다. 더구나 수소화금속 합금이 강알칼리성인 수산화 전해질과 반응하면 안 된다. 이런 조건하에서 많은 금속이 반응하여 산화물이나 수산화물이 된다. 그래서 음극 재료의 요건은 매우 까다롭다. 몇몇의 평가항목에서 안전한 금속은 있겠지만 모든 면에서 안전한 금속은 없을 것이다. 예를 들면 마그네슘, 티타늄, 바나듐 같은 금속은 수소 저장 능력이 좋다. 바나듐, 망간, 지르코늄 같은 금속은 수소와 양호한 결합력을 갖기 때문에 가역적인 흡인력이 있다. 또 크로뮴, 몰리브텐 등은 내부식성이 좋다. 오브신스키(Stanford Ovshinsky)가 이끄는 오보닉(Ovonic)의 연구진들은 이런 금속들을 섞어서 합금을 만들려는 시도를 했다.

이러한 합금 기술에 의해 니켈-수소화금속전지(NiH)를 시장의 어떤 다른 전지보다 에너지 밀도가 높고 출력이 강한 전지로 만들었다. 소형 니켈-수소화 금속 충전지는 휴대용 전자 제품에 사용되고 있다.

이 기술을 대형화하여 전기 자동차에 이용하려는 것은 매우 고무적으로 보인다. 완전 방전됐다가 재충전할 수도 있고 1000번 이상 순환하면서 성능도 떨어지지 않는 전지도 만들었다. 또 30%의 에너지만 충전될 수 있어도 충전 시간의 열 배의 시간의 방전이 가능하다. GM이 개발한 납축전지의 전기 자동차 Impact van에 니켈-수소화금속전지를 장착하면 주행 거리가 160킬로미터에서 480킬로미터로 늘어난다. 오보닉사 연구진은 전지의 수명을 간단히 계산해도 휘발유 자동차에 비해 킬로미터 당 에너지 비용을 여섯 배나 작게 할 수 있다고(물론 전지 값을 무시한 것이다) 한다. 더구나 이 전지는 안전하며 새 전지나 다른 금속 부품으로 재활용할 수도 있다고 한다.

미국첨단전지연합회에 따르면 이런 이유들로 인해 니켈-수소화금속전지는 과도기적인 전기 자동차의 매우 매력적인 전지로 사용될 것이라고 한다. 이 전지는 이미 에너지 저장 밀도와 출력, 충전 속도 등에서 절반의 목표를 달성했다고 한다. 아직 극복해야 할 한 가지 문제는 사용하지 않고 있을 때에도 천천히 방전한다는 점이지만, 이 자가방전 속도 역시 미국첨단전지연합회의 중간 목표에는 달성한 것이다. 1993년 오보닉사는 미국첨단전지연합회와 전기 자동차를 위한 니켈-수소화금속전지 개발에 1850만불의 계약을 체결했는데, GM과 합작하여 GM Ovonic LLC를 설립하고 전기 자동차를 위한 전지를 생산하기로 했다.

9. 연료전지

전지는 에너지를 내면서 아무런 공해를 일으키지 않는 청정에너지이다. 마치 내연기관이 연료를 소모하면서 에너지를 내는 것처럼 화학 반응에 의하여 에너지를 내는 전지도 있다.

1839년 런던왕립협회(Royal Society)에서 윌리엄 그로브(William Grove) 변호사가 바로 이것을 시도했다. 수소 기체를 태워서 에너지를 내는 전지를 만들었다. 태운다니까 연료를 태울 때처럼 공해를 유발할거라 생각하면 오산이다. 수소 기체가 탄다는 건 수소 기체가 산소 기체와 반응한다는 말이고, 이 반응은 재나 이산화 탄소를 배출하지 않고 물을 배출한다. 그로브는 이 반응을 전기 화학적으로 응용했는데 그것은 두 개의 반쪽전지로 구성되어 하나는 수소를, 다른 하나는 산소를 담고 있다. 수소 반쪽전지에서는 수소 기체 분자의 수소 원자가 전자를 내 놓고 수소 이온이 된다. 기체는 금속 전극 위에서 용액으로 방울방울 나오고 수소 이온은 용액을 통과하고 전극은 전자들을 내 보낸다. 다른 반쪽전지에서는 전극에서 산소 기체가 방울방울 생성되고 이 산소 원자가 물, 전자와 반응하여 전극에 의해 수산 이온의 형태로 된다. 결국 두 기체가 물의 이온화된 상태인 수소 이온과 수산 이온으로 변환하여 전극 사이에서 전자를 주고 받는다.

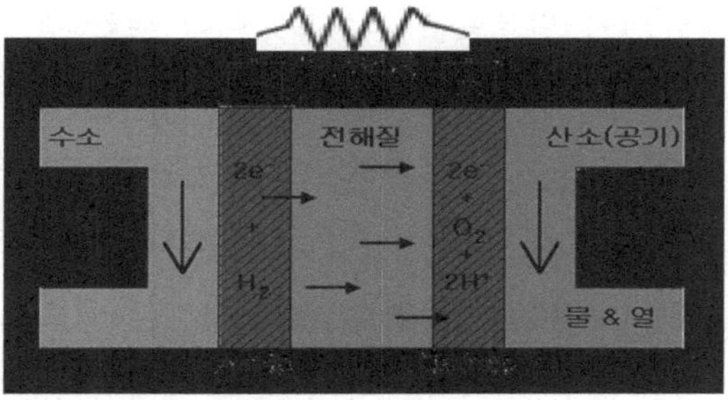

그림 10-9. 연료전지 원리도

이렇게 연소 반응의 화학에너지를 전자에너지로 변환하는 장치를 연료전지(fuel cell)라고 한다. 전지라는 이름과 달리 이것은 에너지 저장 장치가 아니다. 그보다는 전지 안에서 연료를 소모하는 점에서 봤을 때 전기 화학적 내연 기관에 더 가깝다. 그러나 이 수소-산소 연료전지는 전기와 물만 발생시키므로 청정 내연 기관이다. 실제로 수소 대신에 메탄 같은 탄화수소 연료를 태우는 장치도 있다. 이 경우 산소 전극은 근본적으로는 같은 과정을 수행하며, 다른 전극에서는 탄화수소를 태워 이산화탄소 기체와 물을 발생시킨다. 이것이 천연기체 기관이며, 열이 아닌 전기를 출력하므로 효율이 높다는 점만 다른 점이다. 다른 연료전지로는 메타놀을 연료로 사용하는 전기 화학적 알코올 기관이 있다.

윌리암 그로브의 생각은 120년간이나 버려져 있었으며, 그 주된 이유는 1960년대 전에는 작고 안정하며, 효율적인 전기화학적 장치로 만드는 데 필요한 재료가 없었기 때문이다. 동력원으로서 연료전지는 장치 크기에 비해 큰 힘을 내지 못하기 때문에 별다른 큰 매력은 없다. 그러나 가볍게 만들 수만 있으면 연료를 효율적으로 사용하는 연소 장치를 만들 수 있을 것이다. 전지보다 더 친환경적인 동력 장치라고 할 수는 없겠지만 전지를 써서 버리는 것보다는 연료를 소모하는 것이 더 낫다.

장기간의 주행을 위한 동력이 필요할 때 그것은 더욱 맞는 말이다. 달로 갔다 오는 긴 여행을 위해서 개발된 것이 바로 연료전지인데, 1960년대에 아폴로 우주선의 동력원으로서 개발되었다. 그 연료전지는 수소와 산소를 연료로 사용하고 우주선을 우주 공간으로 날렸다. 이 전지는 그로브의 전지를 좀 더 발전시킨 알칼라인 연료전지로서 전해액으로 강한 염기(가성칼리 용액)를 사용했다. 전극에서의 전기 화학적 반응의 효율을 최대화하기 위해 작은 니켈 입자를 집적시킨 아주 다공성이 높은 전극을 사용하여 전자를 공여하는 반쪽 전지 반응과 전자를 흡인하는 반쪽전지 반응이 일어나는 계면을 최대화했다. 니켈 금속은 전지 화학 반응의 촉매처럼 작용한다. 이 전지의 가장 큰 단점은 연료에 불순물로 들어있는 탄산가스가 염기성 전극과 반응하여 심각하게 성능을 떨어트린다는 점이다.

이 전지에서 부식성이 있는 습식 전극 문제만 해결할 수 있다면 더욱 좋을 것이다. 현재 이 문제는 고체 상태에서 이온을 투과시킬 수 있는 고분자를 개발하면서 해결할 수 있게 되었다. 1960년 말에 나피온(Nafion)이라는 황산불화탄소막을 듀퐁이 개발하였다. PTFE 사슬에 하전된 황산기(SO_3^{2-})를 도입한 고분자이다. 그 사슬은 스스로 관 모양으로 정렬하여 그 안으로 이온들을 통과시킨다. 물에 젖으면 나피온은 수소 이온을 발생하고 물이 유일한 액체므로 고분자 전해질은 부식성이 없게 된다. 백금을 전극으로 하고 나피온과 적당한 이온 전도성 고분자를 사용한 산소-수소 연료전지가 수소 전기 자동차용으로 연구되고 있다.

10. 태양전지

누구나 지구에서 화석 연료에너지가 고갈되는 상황을 걱정하게 된다. 의심할 여지없이 몇백 년 안에는 그렇게 될 것이다. 그러나 엄청난 공짜 에너지가 쏟아지고 있기 때문에 우리의 앞날이 그렇게 비관적이지는 않다. 우리가 필요로 하는 에너지의 만 배가 넘는 에너지가 매일 쉬지 않고 쏟아진다. 그것은 바로 태양에너지이다. 그러나 문제는 에너지 변환 효율이다.

우리는 아직 효율적인 태양에너지의 사용 방법을 모르고 그 엄청난 동력을 무시한 채, 수백만 년 동안 태양에 의해 농축된 묵은 에너지인 화석 연료만 파내고 있다. 이런 연료들을 태우면서 조금씩 지구를 거대한 그린하우스로 변화시켜 지구 온도를 점점 높여가고 있다. 이런 환경 문제는 없지만 핵발전 또한 점점 심각한 문제들이 노출되고 있으며, 그중 많은 사람들이 반대하고 있는 문제 하나가 바로 무서운 핵폐기물을 축적하여 후대에 물려준다는 것이다.

자연은 거의 모두 태양 동력으로 움직인다. 식물은 엽록체라고 하는 그들만의 태양전지를 갖고 있어서 태양에너지를 화학에너지로 바꾸어 높은 칼로리의 탄수화물 형태로 에너지를 저장한다. 그 태양전지는 효율이 높지 않아서 그들이 받는 태양에너지의 1%도 안 되는 양만 이용하지만 태양에너지가 워낙 많아서 그 정도로 충분하다. 마찬가지로 동물은 이 식물에너지를 그들의 대사 과정을 통하여 저장한다.

물론 태양에너지를 가장 효율적으로 이용하는 것은 직접 그 에너지를 포집하여 사용 가능한 형태로 변환하는 것이다. 거대한 거울로 태양열을 모아서 중앙에 있는 아궁이를 가열하는 효율은 10-30%다. 가정용 태양열 장치는 건물에 뜨거운 물을 공급할 수 있도록 태양열을 받는 평판으로 되어 있다. 그러나 이보다 더욱 매력있는 장치가 바로 태양전지(solar cell)이다.

이것은 태양광선을 포집하여 직접 전기로 변환한다. 이 기술은 지난 10여 년 동안 엄청나게 발전했다. 새로운 재료와 새로운 공정을 개발하여 고가의 특수 분야(예를 들면, 우주 항공)부터 인도네시아의 마을 동력과 휴대용 계산기에 이르기까지 응용되었다. 대형 태양 발전소와 소형 도시 시스템들이 가정용과 산업용으로 연결되었다.

태양전지에 사용하는 실리콘 반도체는 단결정으로 또는 다결정으로 만든다(그림 10-10). 단결정으로 만든 태양전지는 전력 변환 효율이 우수

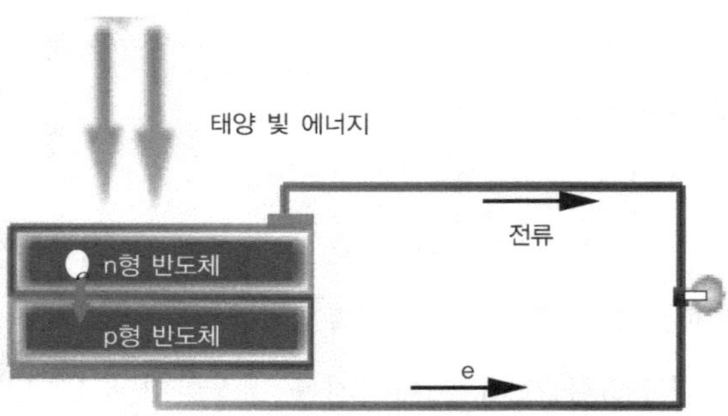

그림 10-10. 태양전지의 원리도

하나 제조 가격이 비싸다. 그래서 상업적으로는 다결정 실리콘 재료로 만드는데, 원자 배열이 서로 다른 영역간 계면이 존재하게 되고 이러한 결정 때문에 전력 변환 효율이 낮다. 그러나 제조 공정이 간단하고 대량 생산이 가능하여 가격이 저렴하다는 장점이 있다.

빛에너지를 받아 전자를 발생하면 어떤 소재라도 태양전지가 될 수 있다. 감광 물질(photosensitive material)은 빛을 받으면 여기되어 전자를 발생한다. 1991년 스위스의 그래츨(Gratzel)교수는 광합성 원리를 이용한 신개념의 '염료 감응 태양전지(DSSC: Dye-Sensitized Solar Cell)'를 세계 최초로 개발했다. 염료 감응 태양전지는 금속 산화물인 TiO_2(산화티탄) 표면에 감광성 염료(루테늄, Ru)를 담지(擔持)시켜 광전기 화학적 반응에 의해 전기를 생산하는 원리다. 실리콘 태양전지에 버금가는 에너지 변환 효율을 갖고 있으며, 생산 원가가 실리콘 태양전지의 5분의 1 수준으로 저렴해 차세대 태양전지로 주목받고 있다.

특히 몇 년 전까지만 해도 다결정 실리콘 가격이 kg당 25달러였으나 최근 소재 가격이 세 배 이상 폭등하면서 앞으로 염료 감응 태양전지의 상용화에도 청신호가 켜졌다.

염료 감응 태양전지는 태양광이 TiO_2 표면에 있는 염료(Dye)에 내리쬐 전자(electron)가 생성되면서 작동을 시작한다. 생성된 전자는 TiO_2를 이동해 전도성 유리(ITO glass), Indium-Tin Oxide, 인-주석 산화물에 이르고, 전선을 따라 흐르면서 전기를 생산한다. 전자는 반대편 전도성 유리 표면의 백금판에 도달해 두 전도성 유리판 사이에 들어 있는 전해질로 전달된다. 전해질로 전달된 전자는 전자를 상실했던 염료로 이동되는 전자 순환 체계가 형성되면서 지속적으로 전기를 생산하게 된다. 염료 감응 태양전지는 기존의 실리콘 태양전지에 비해 생산 원가가 저렴하고,

날씨가 흐려도 작동되는 장점을 갖고 있다. 또 빛의 조사 각도가 10°로 좁아도 전기 생산이 가능하다.

뿐만 아니라 투명하게 제작할 수 있어 2~3장을 겹치는 다중 제작이 가능하고, 같은 면적에서 효율을 2~3배 늘릴 수 있는 특징이 있다. 이에 따라 응용 분야가 다양한 염료 감응 태양전지는 앞으로 빌딩 창문, IT 제품의 자가 발전기, 군사용 등으로 활용될 것으로 기대된다.

찾아보기

(ㅅ)

(ㅇ)

■ ■ ■

(1)

(2)

■ ■ ■

(A)

(B)

(C)

(D)

(E)

(F)

(U)

(V)

(W)

(X)

| 저자 약력 |

전창림

한양대학교 화학공학과 졸업
프랑스 파리국립대학 고분자화학 공학박사
대덕연구단지 한국화학연구소 연구원
현 홍익대학교 바이오화학공학과 교수

저서

〈명화로 여는 성경〉 〈미술관에 간 화학자〉 〈알기 쉬운 고분자 공학과 화학〉
〈마담 라부아지에 뭘 사실 건가요?〉 〈그리기 전에 알아야 할 미술 재료〉
〈알고 쓰는 미술재료〉 〈통권복음서〉

역서

〈누구나 화학〉 〈색의 비밀〉 〈아크릴〉 〈1001가지 성경이야기〉
〈파노라마 성경 핸드북〉

화학으로 들여다본

첨단과학의 신소재

| 저 자 전창림
| 발 행 인 김지영
| 발 행 처 자유아카데미
| 주 소 경기도 파주시 회동길 37-42
파주출판도시
| 전 화 031-955-1321
| 팩 스 031-955-1322
| 홈페이지 www.freeaca.com
| 전자우편 main@freeaca.com(대표)
editor@freeaca.com(편집)
crm@freeaca.com(영업)
| 등 록 제406-2003-017호, 1980. 7. 12
| 제1판1쇄 2009년 2월 25일 발행
| 제1판8쇄 2022년 2월 25일 발행
| 정 가 14,000원

저자와의
협의하에
인지생략

ISBN 978-89-7338-761-8 93430